La Robe

Une Histoire Culturelle

Bosse in et fe.

LA DAME REFORMEE.

裙子的文化史

从中世纪至今

［法］乔治·维加埃罗 著

刘康宁 译

生活·讀書·新知 三联书店

" La Robe. Une histoire culturelle du Moyen Âge à aujourd'hui"
by Georges Vigarello
Éditions du Seuil, 2017
Current Chinese translation rights arranged through Divas International, Paris
巴黎迪法国际版权代理 (www.divas-books.com)

图书在版编目（CIP）数据

裙子的文化史：从中世纪至今 / (法) 乔治·维加埃罗著；
刘康宁译. —北京：生活·读书·新知三联书店，2024.1
ISBN 978-7-108-07683-0

Ⅰ.①裙⋯ Ⅱ.①乔⋯ ②刘⋯ Ⅲ.①裙子－文化史－
世界 Ⅳ.① TS941.717-091

中国国家版本馆 CIP 数据核字 (2023) 第 123536 号

策划编辑 徐国强
责任编辑 陈富余
装帧设计 康　健
责任校对 张国荣
责任印制 卢　岳
出版发行 生活·讀書·新知 三联书店
　　　　 （北京市东城区美术馆东街 22 号 100010）
网　　址 www.sdxjpc.com
图　　字 01-2018-4516
经　　销 新华书店
制　　作 北京金舵手世纪图文设计有限公司
印　　刷 天津图文方嘉印刷有限公司
版　　次 2024 年 1 月北京第 1 版
　　　　 2024 年 1 月北京第 1 次印刷
开　　本 720 毫米 × 1020 毫米　1/16　印张 17
字　　数 160 千字　图 155 幅
印　　数 0,001－7,000 册
定　　价 108.00 元
（印装查询：01064002715；邮购查询：01084010542）

献给范妮、让娜和奥萝尔

目　录

引言　1

第1章　"装置"的命运：几何　4

　　中世纪的绑带和胸部的浮现　8

　　腰带最初的特权　16

　　几何的"新"创造（16世纪）　27

第2章　上半身的胜利　38

　　底座之相，迷恋之像　43

　　胸衣和"篮子"（17到18世纪）　56

第3章　对束缚的质疑　72

　　启蒙运动及对束缚的批评　76

　　从革命到裙装的革命？　91

第4章　装置的对抗　106

　　"依附关系"复辟，旧日廓形复兴（1815—1848）　111

　　裙撑从胜利到消失（1848—1875）　126

　　紧身裙的流动性（1875—1910）　142

第5章　修长线条的出现　162

　　"茎"的胜利（1910—1920）　166

　　"户外"的胜利（1920—1945）　182

第6章　个性化、折中主义、敏感性　202

　　自在与性感之间（1945—1965）　206

　　从自在到舒适（1965—1980）　221

　　从折中主义到内在感受（1980年至今）　233

结语　247

参考书目　250

　　中世纪　250

　　16世纪　251

　　从古典到启蒙运动　252

　　19世纪　254

　　20世纪　257

　　21世纪　260

　　期刊　261

图片版权　264

引　言

1800年，法国画家尼古拉·蓬斯（Nicolas Ponce）说到对美的追求时声称："若追求细腰已疯狂，则美丽腰肢毫无意义。"由此可见，对于追求美这件事，他是不太赞成"疯狂"的，但肯定了社会风俗的一种逻辑：要可靠、"意志"坚定、拥有纤细轻盈的美等这些传统上属于"女性"美德的价值，不要无意义的尝试或疯狂冒险。然而这种追求纤细身姿的态度并不肤浅，各种服装轮廓和流行风尚为我们提供了一种文化坐标，而这种坐标远不像传统中大家"对我们的服装"所形成的、"始终"摇摆不定的印象，跟对服饰"情绪反复无常或变化多端"的评价也相去甚远。虽然线条确实变化多端，转变确实反复无常，也的确占据着我们的空余时间，对社会变革亦步亦趋，甚至制造幻象，但服装的轮廓和时尚并不局限于此。总体来说，服装的样式是支持某种世界观的，它体现了表达这种观点的方式，具象化了物与人的关系。换句话说，没有什么是纯粹任性或流于表面的。

　　我们还应该通过服装上那些时常显得浮华或"喧闹"的装饰品，去洞察到底是什么赋予并彰显了身体的存在。比如，女性的自我表达，她的角色和地位，是直接从她的姿态和仪表中流露出来的。她的外在说明了旁人对她的期待。她完全存在于包裹与限制她的这一切里。要为裙子做一部历史，展现裙子的形态变化，以及裙子随时代前进而产生的变革，挑战就存在于此。线条的巨变其实传达着一些更深层次的动荡，这些动荡甚至就发生于人的感觉世界中。17世纪时，裙撑这一庞大存在，仿若将女性的上身安装到了一个基座上，这同时也为女性指定了一种行为模式，固定了女性的姿态，重装饰性而轻灵活性，将女性围于单纯的"美丽"之中；它还强加了一种庄严而呆板的审美，割裂了女性与外界的联系，令她们失去面对冲突或参加工作的机会。20世纪初，裙子去掉了裙撑等所有"人工"的束缚，这也就赋予了女性行动的自由，肯定了女性的自主权，鼓励她们去适应公共空间；而正是此时，女性地位也发生了翻天覆地的变化。

变化不止这些。还有其他诸多变化，各种各样，与不同的背景和阶层相关。这众多的变化反过来令历史变得更加生动，而这一历史是深深镌刻在群体的身份中的，也和学科的性质紧密相关。就像罗兰·巴特（Roland Barthes）所主张的："所有包裹身体的东西，其发展趋势都是嵌入正式的、标准的、由社会所认可的系统里的。"于是，这一部发展史显示出，到了近代，女性的身体战胜了衣着的诡计，获得了自由，如蛹化茧成蝶，成为解放到来的象征。消费社会则直接造成了另一个重大的变动，即女性内心感觉的变化，出现了对安逸舒适的需求。这些变化逐渐开始挑战那些仅限于外表和视线所及之处的肤浅。更棒的是，这一内在动力也将裙子的历史推向尾声，并强调了一个事实，即裙子因让位于那些更柔软、舒服的衣装而逐渐退居二线。个体的期待，以及使用面料、感受廓形和穿着衣服的方式，都开始挑战长久以来最被看重的"外观"。

第 1 章

"装置"的命运：几何

贝格纳·冯·霍尔海姆（Bergner von Horheim），《马内塞古抄本》（Codex Manesse），
1300—1310年，苏黎世或康斯坦茨（Constance），收藏于德国海德堡（Heidelberg）
大学图书馆（Cod. Pal. Germ. 848）

　　　　　　　　　　　裙子的文化史

　　西方裙装是从一个模糊而粗糙的轮廓中慢慢打磨出来的：传统上用来包裹身体的衣服，倾向模糊身体的存在，因此朴素、低调的轮廓便成了主流。在相当长的时间里，对女性身体的修饰仅针对上半身，由束胸衣来打造曲线，用绑带令腰身更纤细；而为了维持矜持、天真和朴素的"情操"，双腿完全隐匿在裙褶的海洋里。这也是一场斗争：所有对身材的彰显，尤其是对胸部的雕琢，都仿佛在向自由甚至情欲倾斜；所有太过"自然"的样式反而变成了"解放"，故而在初期很难被接受。从此，裙子这一物件便不可避免地充满了张力，在张扬与隐藏、造作与本能之间拉扯。

　　到了中世纪盛期，对上半身相对精细的雕琢渐渐被人们接受，由是，"装置"（artifice）这一精心构建又充满限制的机制，在其后长久的时间里成为主流。女人是不能保持"自然"的，服装样式也无法反映解剖学的真实。而随着文艺复兴的到来，对近乎完美的几何形状的追求甚至向着女性的外表发起了致命一击，从内到外强加到了女性身体之上：这个完全流于表面的标准形象，就这样找到了可以长期存续的线条，并臻于完美。

中世纪的绑带和胸部的浮现

从13世纪中期开始束紧的女性胸部本身就是一个符号，而这一时期，它首次被"要求"凸显出来，堪称第一次文化革命。1298年，法国南部城市纳博讷（Narbonne）的执政官颁布了禁止将胸部束紧的禁令，这也意味着他们开始对外观的改变做出惩罚，亦即对"自由"的惩罚。但这件事突显了一种日渐增长的"需求"，即尝试通过挤压两肋来将胸部收紧的需求。而这种操作手法也随着这个世纪的推进流传开来。于是，某些廓形得到了强化，某些"线条"开始大行其道：上衣（corsage）和胸部从长久以来模糊不清的整体上被清楚地勾勒了出来。但曲线清晰和线条消失这两种情况的例子都很多，是同时并存的：沙特尔[1]（Chartres）1240年的花窗[2]上，布洛涅伯爵夫人马奥（Mahaut）穿着宽大的，甚至"无定形"的天鹅绒袍子；而克吕尼博物馆（Musée de Cluny）的一个壁炉上有个雕刻于1390年的形象，所穿裙子的胸部突出如浇筑而成，与前者形成了鲜明对比。1230年出版的《布朗什·德卡斯蒂耶圣诗集》（*Psautier de Blanche de Castille*）一书的插画中，女人们裹身的事物不甚明朗；而在埃斯佩兰斯圣母城堡（Château de dame Espérance）所藏的14世纪中期的作品中，纪尧姆·德·马肖[3]（Guillaume de Machaut）的舞女们则穿着更贴身的，甚至呈纺锤形的衣服。当然，诗集插画中的女人虽然低头倾身，却也难掩优雅，可她们的躯体却在沉重的袍子中隐匿不见了；而舞女同样姿态优美，却因为修饰了腰身而更显雅致。此时，绑带手法并不是没有出现。古代形象中

---

〔1〕 沙特尔：位于法国巴黎西南方约90公里的一个市镇。
〔2〕 沙特尔的花窗，即"沙特尔圣母院教堂的花窗"，是保存到现在最完整的中世纪花窗组之一。
〔3〕 纪尧姆·德·马肖（约1300—1377）：法国作曲家、诗人，中世纪音乐的代表人物之一。

穿着布满百合花的长袍的女士，长袍上用三条垂带做出三齿耙形图案。该图来自沙特尔圣母院教堂（Notre Dame de Chartres）的彩绘玻璃窗，1240年。出自《盖尼埃（Roger de Gaignières，1642—1715）作品集》，巴黎，法国国家图书馆

中世纪的传统连身裙会覆盖整个身体，完全隐藏身形，装饰、颜色和织物的珍贵程度显示社会地位的差别。

已经有收紧上身的衣着。以《兰瓦尔叙事诗》（*Lai de Lanval*）为代表的"古代"传奇故事表明，12世纪，"女人衣着繁复，以带束紧"。但此时，该现象还未成系统，不具有普遍性。

　　直到13世纪，这个机制才系统化起来，主要特点是布料简洁地包裹着身体，配上紧紧的束带，突出了"雕塑感"更强的胸部，让它与更具漂浮感的下半身形成对比。腰身获得彰显，身段得到强调。这种革新也潜移默化地带来了一种"解放"，一种文化变革，它意味着，包裹身体的事物要展示身体的线条，而不是布料的线条。而前文提到的禁令也透露出这一层意思：纳博讷地方长官认定不成体统甚至下流的创意，跟"裸体"也相差无几了。但这也不是铁板一块。出台于1298年的这一禁令还是允许已婚妇女暂时那样做的，也就是婚礼之后一年内还可以使用"绑带"。但这样禁止的力量可谓十分微弱，其影响也就相当短暂了。使用绑带的新式样获得了胜利，很快就在意大利、法国、英国和佛兰德地区推广开来。《纪格玛叙事诗》（*Lai de Guigemar*）中有篇章佐证了这种情况，其中写道，年轻男子去救他"感到不适"的爱人时，要帮她"割开裙子上的束缚"。《贵族女

训》[1]（*Le Chastoiement des dames*）中则将传统的包裹方式变为"过分之举"：

> 若她束紧自己为本意，
> 恶言相向便得遭训斥。

14世纪初的长篇叙事诗《玫瑰传奇》（*Roman de la Rose*）还夸赞了腰带的作用，认为此时被称为"索尔卡尼"（Sorquanie）的这种工具是通过勒紧腰部来烘托胸部的：

> 正因没有什么裙子，
> 比小姐的腰带更添风姿，
> 故比起直身长衫来，
> 还是束腰带的女人更可爱。

腰带这一最新发明显示出，人们有了新的关注点。自愿为衣着增加一件"装置"，是有意让打扮更为复杂化，令上衣变得更为贴身，有时还会使之形成"短斗篷"的样子——这些努力都只有一个目的：突出线条，令一身装束趋于"极为紧身"。

而与这些变化相伴相生的背景，便是18世纪末期出现的人文主义苗头，以及人们更加青睐"对世俗艺术的通俗表达"。当城市日渐兴盛，城市自由民更加独立、地位更高，大家穿衣打扮的品位愈加多样化，不再受禁锢时，创新就变得更有决定意义。法国历史学家雅克·勒戈夫（Jacques Le Goff）将这种"决裂"用符号化的方式表达了出来："贵族们去城市里，还会继续听着教堂里传统的钟声；而自由民则越来越倾向于只听市政厅塔楼里的钟声了。"从这里就可以看出，社会接纳了新

---

[1] 作者为13世纪的法国诗人Robert de Blois。《贵族女训》旨在为贵族女性提供待人接物、穿着打扮方面的建议，风行一时。

纪尧姆·德·马肖，《与爱人重逢的马肖》（*Machaut retrouvant sa dame*），出自叙事诗《财富之解药》（*Le Remède de fortune*），约1350—1355年，巴黎，法国国家图书馆（ms français 1586, f°51）

14世纪时，上衣的部分会收紧，显示出胸衣的轮廓，而在几十年前，这种轮廓还被视为非法。这样的画面是从文化上对新廓形进行了肯定。

的行为方式，对衣着的价值判断也不同于往日，外表带来的挑战与日俱增。18世纪末，女性获得了"新的道德上的自由"，在"合法的边界"来回试探，表达着自己对纤细身姿的热爱。当时流行的韵文故事当然不会放过嘲笑她们的机会，也从侧面确定了这种新风尚确有其事。就像《三位巴黎女郎》（*Les Trois dames de Paris*）里面讲到的：几个女伴在埃尔努·德马耶酒馆（Taverne d'Ernout des Maillez）里玩得兴奋到忘我，一丝不挂地跑出去跳舞了。这漫画式的描绘手法的确体现出女性的

纪尧姆·德·洛里斯（Guillaume de Lorris）和让·德·默恩（Jean de Meung），
《玫瑰传奇》，1375—1400年，巴黎，法国国家图书馆（ms français 1665, f°7）

13世纪末，出现了一种叫"索尔卡尼"的新物件，用来收束腰肢。著名的《玫瑰传
奇》手稿提到它时还语带赞美。女性的身体被更为清晰地分成了两个部分，而上半
身更显纤细。

　　　　　　　　　裙子的文化史

解放，但过于不知羞耻了。还有人坚持批评奥尔良（Orléans）的女自由民，认为她们太过轻佻，太喜欢"自己的奇装异服"了。

这一时期对衣着和身体的描绘也不同以往。绘画的内容当然也包括男性的衣着，但极少涉及那些旧时的直身长衫（tunique），而更多的是通过展现双腿来强调自由。姿态更加活泼，职业也得到展现，充分体现了活动性，展示出"更独立、更热切于采取行动的典型男性"形象。细密画中出现的人物动作变化非常丰富，也体现了更多的实操场景。《巴别塔》（Tour de Babel）中的画面，和其中特别强调的热烈的劳动景象，已经体现出这一变化。1430年出版的《贝德福时间》（Heures de Bedford）一书中频繁出现了运输场景、工具、线条流畅的腿部、强壮的胳膊、忙碌而弯曲的身体。可以想象，这种画面在一开始是较难让人接受的，于是就有认为衣服穿起来就应该是庄重的人批评它"不合规矩"、不够"庄重"。波希米亚一位编年史作者声称，这种着装"让人形似猎狐犬"。但其"高效性"和结实耐用却让人难以抗拒：更宽更厚的紧身长裤可以保护腿部，同时保证活动便利。

而同一批细密画则展示出另一个文化关键点，甚至跟我们现代的特色也有所关联：男性的短款装束跟女性的长款衣着形成了对比，而与工作相联系的男性和被看

《大卫举着歌利亚的头》（David portant la tête de Goliath），《昂热尔贝·德·拿骚时间书》，1470—1490年，牛津，博德利图书馆（The Bodleian Library）（ms Douce 220, f°7 190 v°）

在15世纪末的这份手稿中，一些女人呈静止姿态、唱着歌迎接大卫。由此可见，这种上半身收紧，下半身蓬开，双腿仿佛羞于被看见般完全包裹起来的特殊的女性衣着风格已经被普遍接受。裙装将女性定位为装饰品，将美与静态联系在一起。相比之下，男性的腿是外露的、分开的，他们的衣着风格是属于事业和行动的。

作装饰品的女性之间也存在着不易察觉的差异。一幅1425年出自图尔奈（今荷兰南部或比利时）的狩猎场景挂毯就呈现出传统活动中的这种反差：沸腾热闹的景象中，女性身着长裙，腰部一条束紧的腰带，身子优雅微倾，安静地陪伴着骑士和牵猎犬的仆人。又如绘于15世纪末的《昂热尔贝·德·拿骚时间书》（*Livre d'heures d'Engelbert de Nassau*）中，大卫胜利归来，撒开腿迈着大步；而他面前的一排女子穿着长裙，专注而沉静，她们组成的合唱团好似在歌唱中凝结。一边是动态，另一边却是静止；一边的人物生气勃勃，另一边却庄严呆板。这些长久以来固定而彼此不可调和的形象体现了文化的变迁，且各自通往不同的方向：一边走向功能性，另一边走向了美学。

《德文郡狩猎景象挂毯》（*Tapisserie à scène de chasse du Devonshire*），1425—1430年，伦敦，维多利亚和阿尔伯特博物馆（Victoria and Albert Museum）

将腰部勒紧的行为在15世纪更加风行，也从此长期奠定了"纤细"作为女性娇美和脆弱的标志的地位。此外，这幅狩猎图极具象征意义：男人在这一片沸腾热烈的姿态和动作中激动难安，而女人却在画面的边缘认真而被动地观看。衣服本身就奠定了人的地位：地位高的人拥有活跃和不受拘束的廓形，地位低的人则是静止和死板的形态。

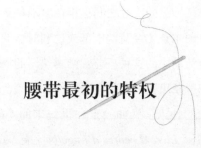

腰带最初的特权

　　14、15世纪的女性服装一直稳固地保持着一种很有生命力的结构：上下半身泾渭分明地截为两个部分，纤长的上半身带来精致和轻盈的感觉，而浮动的裙身则留下纯洁和娴静的印象。"腰肢纤细、足部纤小、步履蹁跹，一根布带维持胸部稳定。"米谢勒·博利厄（Michèle Beaulieu）还如是补充道。塑造这种身形的"装置"长久以来存在着很多版本，我们可以引用几个词或者物件来展示一下。比如"Cotardie"[1]，是15世纪末的一种"穿在外面的、胸部和腰部非常修身的裙子"。"Surcot"是一种无袖长袍，用来罩在裙子上，"包住胸部"；其颜色素净、面料硬挺或有华夫格，胸前有纽扣，可以用来收紧上身；在1455年出版的《法国大编年史》（*Grandes Chroniques de France*）中，出现在细密画中的卢森堡的玛丽（Marie de Luxemburg）就穿着这样一件长袍。还有束胸衣（corset），在14世纪的皇家库存账目里，杜埃·达尔克（Douët d'Arcq）就列出了它的不少变种，有室内胸衣、旅行胸衣、装饰性胸衣等。此外，词汇也在不断演变，以至于"到了14世纪末，surcot、corset和pelisse（皮袄）这些词都混为一谈了"。留下的共性就是上半身收紧的中段，就像法国诗人厄斯塔什·德尚（Eustache Deschamps）于14世纪末写到的那样：

若要她看来更老实，

　就得让她的裙子，

---

〔1〕法语中又称为Cotte-hardie。

在肋部收窄，多加束缚，

这样她看起来才更驯服。

15世纪中叶，让·富凯（Jean Fouquet）在《天使围绕的圣母子》（*Vierge à l'Enfant*）一画中为阿涅丝·索雷尔（Agnès Sorel）[1] 所创作的形象便是此中的典型代表：她的上衣质地硬挺，只能勉强解开带子以便给圣婴哺乳；她的裙子上窄下宽，散开处褶皱模糊。她的衣着呈现出来的线条如此清晰，是曼妙、高雅最好的代名词，彰显了女性特质、诱惑性和人们所期待的"脆弱感"。但这却成为教士们炮轰的重点：让·于斯[2]（Jan Hus）把这样突出的曲线比喻成"两只牛角"；15世纪的皮埃尔·德格罗（Pierre des Gros）则痛斥其为"可耻的虚荣心"，更额外明确了她的可怜之处："置身其中，喘息已勉为其难，还要时常忍受痛楚，以瘦弱之身躯行高雅之仪态。"这也成为公认的审美模式：对于崇拜者来说，这样的身形是成为美人的先决条件。而15世纪末，诗人奥利维耶·德拉马尔什（Olivier de la Marche）在他的作品《饰物和贞女的胜利》（*Parement et triomphe des dames d'honneur*）中对这种扮美的工具大书特书，甚至自相矛盾地将其定性为"贞操"之物，因为它用"白色的锦缎"盖住了胸部，对其进行调整和加固，并令其变得高尚：

> 一位裁缝答应我们准备一件长束胸衣送我的公主，来覆盖、装饰她优美的身体，用尊贵的铅白色来烘托她的美丽……为它命名我们要用"纯洁"一词，对有价的美德，这是个美丽的名字。

随着时间推移，"束胸"的存在得到了进一步彰显：在荷兰画家彼得鲁斯·克里斯蒂（Petrus Christus）于1449年绘制的作品中，金银匠的女客人穿在锦缎裙子下面的胸衣使用纯白色的布料，身前用带子紧紧系着；在15世纪中叶的作品《国王

---

[1] 法国国王查理七世的情妇，以美貌闻名，出现在若干绘画作品中。
[2] 让·于斯（1372—1415）：捷克人，被认为是西方首位宗教改革者。

让·富凯，《美男子查理四世和卢森堡的玛丽的婚礼》，《法国大编年史》，约
1455—1460年，巴黎，法国国家图书馆（f°332）

"Surcot"穿在裙子之上，对腰部进行了"调整"。15世纪时，这种衣着配件在身前
系扣，对胸部进行了进一步束缚，甚至因此被认为是束胸衣的前身。

让·富凯，《天使围绕的圣母子》，约1452—1458年，荷兰安特卫普，皇家美术馆
（KMSKA）

皇家情妇阿涅丝·索雷尔的情欲形象在此刻凝结。她以圣母玛利亚的形象出现，部
分地展现出人物那奇特又神秘的美感。但她裙子胸部的系带、硬挺的纬线、狭窄的
裙腰都很好地展现出来，在15世纪中期，人们收紧腰身的要求还在继续提高。

彼得鲁斯·克里斯蒂，《在店里坐着的金银匠》（ *Un orfèvre dans sa boutique* ），
可能为圣埃卢瓦，1449年，纽约，大都会博物馆

纯白无瑕的织物，前面密密地系着带子，穿在裙子之下。15世纪这些纤细的短带子
相接层叠，是裹紧胸部的新手段，此前从未出现过。

　　　　　　　裙子的文化史

勒内的比赛》(*Tournoi du roi René*)中，分发奖章的女子所穿的胸衣颜色较暗，但腰身也同样收得很窄；而约1510年出现的《格里马尼祈祷书》(*Bréviaire Grimani*)中，则有农妇穿着较为朴素的灰色麻质系带胸衣。这在一定程度上表明，女士短上衣及其交叉式系带在15世纪中确立了一种广为流传、社会公认的穿着系统，将贵族和平民之间的区别聚焦在了材质的奢华程度上。但此时还不存在那种硬挺的结构，只是一个服装的样式成了主流：通过压迫肋部在视觉上形成从肩部而下的倒三角形。于是身体的上端在视觉上更为突出，这便与传统和说教者的期待背道而驰，与遮遮掩掩的旧思想背道而驰；这种轮廓暗示了人们是有所感受的，"而不是一味否认其存在"。"配器法"的概念在其中清晰可见：在明与在暗、凸显与掩藏，托高胸部、遮盖双腿，一个明晰的轮廓便这样得到了推崇和赞美。

高高束起的宽腰带在此时地位很高，更是15世纪的衣橱中最为重要的角色，它对腰部的收束几乎到了令人窒息的程度。我们可以参看《国王勒内的比赛》中身材极为瘦削的女助手们。而史学家弗朗索瓦丝·皮波尼耶（Françoise Piponnier）研究过《苔塞伊达》(*Teseida*)收藏在维也纳的版本，跪在圣母面前的忏悔者也是一例：她们所束的腰带经过精心加工，体积更大，其中一些还"带有装饰，创造了极佳的视觉效果"；它们将身材分割成泾渭分明的两个部分，并使两部分产生了等级感。巴黎大学普雷勒学院（Collège de Presles）创立者的妻子名为让娜·德·普雷勒（Jeanne de Presles），她于1347年出版的财产清单显示出，她所拥有的束腰之物几乎都是这样又宽又硬的款式，以此她"有生之日每天都要将身体束起"。这些既厚且硬的腰带，有的还是"用鞣丝制成，纵向裹上铁片，装饰以十字钉和'磨坊铁'，里面用的环扣和釉色都是银质的"。

换句话说，腰带在此时统治了女性的外表。那依然被充分包裹着的"下半身"，更凸显了"上半身"的存在；而获得越来越多精心塑造的"上半身"，重新勾画了胸部的轮廓，也令细致修饰的高雅面孔更显优美。而15世纪的女性发式所创造出来的对"饰品高度"的追求，包括她们头上金字塔形头纱，或者削尖的"锥帽"等形式，都无限延长了她们的头和面部，以呼应下半身通过裙子拖尾而无限延长的基座："这样，面孔和胸部便分别嵌入了两个重要性相似的大区块中，即头颅向上

佛拉芒的波伊提乌大师（Master of the Flemish Boethius），《一位女士颁发奖品，并有传令官和荣誉骑士在场》（*La Remise du prix par une dame, en présence des juges diseurs et du chevalier d'honneur*），勒内国王及安茹公爵的《骑士比武之书》（*Livre des tournois*），约1488—1489年，巴黎，法国国家图书馆（ms français 2692, f°70 vo）

15世纪末，比赛结束后的颁奖仪式，让我们看到了廓形几何化的发展势头：女性身体的上半部分因为头饰而向上延伸，身体上下两部分的体积也得到了平衡，胸部扩展为三角形，而下半部分的裙子本身也扩大了。

裙子的文化史

巴泰勒米·范艾克（Barthélemy van Eyck），《检阅尖顶头盔》（*La Revue des heaumes*），勒内国王及安茹公爵的《骑士比武之书》，巴黎，法国国家图书馆（ms français 2695, f°68）

巨大的圆锥式女士高帽，收束极紧的胸部，大大蓬开的裙身：中世纪末期和近代初期，女性身材已经明确地以几何廓形为尊了。

延伸并在空间中展开的部分，和附加在拖尾上的部分。"身体的两个区块"获得平衡"，也就进行了双重认定：女性的身形从未受到如此明确的限定，如此"对称"、讲究，虽然可以很确定的是，女性的面孔还是更受重视。而身体"中部"从未受过如此的收缩、挤压，这也就证明了，女性要靠美来获得肯定，哪怕要承受不适，甚至可能要以忍受磨难作为代价。

15世纪末，这一装置因更强调下半身裙摆打开的幅度而得到了进一步强化，线条之间的呼应更加明显。有时，人们甚至使用厚厚的纸板把衣服垫起来。裙子变得更宽自有其意义，它呼应了增宽的肩部，使身体两部分之间的配合更加清晰，也证明了形式感战胜了功能性。直到1480年，才有亨利·科基亚尔（Henri Coquillard）开始审视这一新现象，并对此提出了批评；而这位来自法国兰斯（Reims）的诗人最不理解的，就集中在这种廓形的坚固特质上：

> 我们平民坚持这些方式，
>
> 用纸板打造臀部形状，
>
> 好让它们看起来更加结实。

上下半身的"强化"是轮廓塑造的重中之重。为此还出现了一个新的辅助物件，叫作"髋带"（demi-ceint）；这种系在低处的腰带一般束在髋部，可令下半身显得更"夸张"。奥利维耶·德拉马尔什把它当成一种新发现：

> 一条黑色髋带
>
> 色如桑葚果子，
>
> 我的女士要用来缠绕
>
> 她的美妙身子，
>
> 所配的金属件用了
>
> 最好的金子，
>
> 这髋带可不应
>
> 束缚了她的丰姿；
>
> 它有支撑负累的意义，
>
> 担起一个女士应有的秘密。

裙子的文化史

汉斯·梅姆林（Hans Memling），
《捐赠人的妻子，芭芭拉·范·弗
伦德贝尔希，两个女儿陪同在侧，
受圣芭芭拉保护》（*Barbara van
Vlaenderberch, accompagnée
de ses deux filles et protégée
par sainte Barbe*），莫雷尔三折
画（*Triptyque de Moreel*）的右
扇，1484年，布鲁日，格勒宁博
物馆（Groeninge Museum）

15世纪末出现了新词"髋带"，指
的是一种宽腰带，其作用是收束腰
部，提供支撑，甚至是收紧胸部。

　　几何形状正在发展之中。因为这种廓形，女性的线条带有了"新潮"的意象：
整体轮廓都是经过清楚规划的，效果须符合审美和装饰性，而动作和自由的重要性
则退居其后了。

佩德罗·加西亚·德·贝
纳瓦雷（Pedro García de
Benabarre），《希律的盛宴》
（*Le Banquet d'Hérode*），
1470年，巴塞罗那，加泰罗
尼亚国家艺术馆

莎乐美穿着一条锦缎长裙，
展示放在盘子上的施洗约
翰的头颅。她的装束体现
了在西班牙"发明"的环
圈裙撑（vertugadin）的
最初形象：这一系列硬质
圆环大多数是用很细的柳
条（也就是西班牙语的
vertugo）制成的，被固定
在布料下面以将其撑起。

裙子的文化史

几何的"新"创造（16世纪）

随着16世纪的进程，服装廓形也在进行着自我调节。各种"角"互相呼应，各种线条更加几何化。尤其是腰部，使身体上下两部分形成了镜像，令勾画许久的一幅草图趋于完善。1590年，意大利画家切萨雷·韦切利奥（Cesare Vecellio）对当时流行的大部分服装进行了描摹，其中就有不少相关的例子。他用不同于自己风格的充满几何严格特性的表现方式，展现一名威尼斯少女身上呈现出"完美三角形"的短上衣，或一名都灵少女那"高耸、优雅、尾部以尖端收束"的胸衣。直线和对称成为视觉重点。身体各部分息息相关：胸部要束得更紧，才会令上半身看似倒放的锥体；而裙子的体积更加膨大，就仿佛是上半身的倒影。从那时起，便有一种形式逻辑支配了女性躯体。在盖尼埃的收藏[1]中，有一幅给法国国王弗朗索瓦一世的第一任妻子法兰西的克洛德（Claude de France）所作的画像，就是一个典型的例子：她紧紧收束的腰肢，将形状相似的上下半身截然分开；还有查理五世（Charles Quint）的姐姐——奥地利的埃莱奥诺尔（Éléonore d'Autriche）的画像中，裙子和胸部倾斜的线条彼此对立，就通过互相倒映的方式形成了呼应。

我们应该留意如此几何化的要求。这一模型已经渗透进了文艺复兴时代的世界，象征着创造与知识的革命。它推动了科学、艺术、饮食、建筑、雕塑乃至绘画的发展。空间令透视法和比例的坐标成为必然，完美主义令数字和直线成为必然。对创新的渴望让人们不断追求形状上的变化，其中包括艺术史学家安德烈·沙泰尔

---

[1] 弗朗索瓦·德·盖尼埃为法国路易十四时期的史官和收藏家，他走遍法国，收集了众多展现历史上法国风貌和习俗的图像，包括服装、肖像、墓碑、挂毯、印章等几大类别，这些成为如今研究法国文化的重要资料。

法兰西的克洛德肖像。她戴着垂巾兜帽，裙子饰以褶边和白色皮草。胸前和裙摆前身佩戴了各种珠宝饰物。1514年。彩图出自《盖尼埃作品集》，巴黎，法国国家图书馆

到了16世纪初期，以束紧的腰身这一圆环为中心，身体形成互成倒影的两个三角形（下半身又因为上层裙摆打开的角度形成了另一个三角形），令文艺复兴以来理想中几何形式的实现都臻于完美。同时，因为使用了硬挺的工具来维持和加强这种身形，裙子也展现出完善的技术，比如，环圈裙撑起了髋部和裙摆下缘等。当然，这里的着装使用了蕾丝和锦缎，是宫廷特有的，不过其理想化的廓形非常有代表性。

奥地利的埃莱奥诺尔肖像，头戴西班牙式发网，身着体积庞大、装饰着珠宝的镶皮草连衣裙。1521年。彩图出自《盖尼埃作品集》，巴黎，法国国家图书馆

奥地利的埃莱奥诺尔在1521年成为法国王后，全套衣着与法兰西的克洛德极为相似，区别只在于天鹅绒、颜色和袖子的蓬松度。她的衣服廓形毫不走样，上下身的三角形形成了对照。

裙子的文化史

（André Chastel）所提到的"幻觉装饰"（Quadratura），他说："身体不同部分之间互相呼应，如一场对称平衡的游戏。""人类的伟大"所追求的是对环境的"重整"，而此时的"现代化"所追索的，是"美的数学结构"。女性的外表需要迎合这一品味。而几何学应对其进行引导。

此外，我们也应对"技术"所产生的重要作用加以关注。机械装置的出现正在缓慢改变16世纪的想象，身体应该对其加以利用，令其环绕在自己身边，甚至彼此渗透。勃鲁盖尔（Brueghel）就在于1563年创作的作品《巴别塔》（*La Tour de Babel*）中，加入了常规内容以外的矿场、吊车、缆绳、滑轮、松鼠笼、铁制或木制的脚手架。达·芬奇的设计图中则常见诸如"齿轮传动系统，用于锻造、纺织和梳理纺织纤维的机器"，以及他对水利、交通和防御工事的思考。变化也出现在日常物件之上："对具体活动和实验性活动的兴趣，已经超越了政府圈层，成为一种社会事实。"此外，一种清晰的野心也正在以更大的规模渗透："以世界为舞台、以自己为演员的人"，思考如何改变他周围的空间和身周的物件。那么身体，也应该"经历"此过程。

于是毫无意外，衣着方面新出现的几何形式也得到了技术的滋养。工具正在增加，手段更为多样。前所未见的材料令线条绷得更直，效果得到进一步强化。一种用黄铜线和厚织物做成的装置，可以加强胸部的圆锥形状。另一种工具，使用木圈、柳条，甚至还有精心组合起来的鲸须，令裙摆打开得更加充分。技术，令几何形式臻于完善，女人的外表也随之改变。"上半身"的装置变成了"巴斯克胸衣"（Basquine，紧身衣），这种可以自行立起的"漏斗"通过倾斜上衣的线条而使其更加坚固；而"下半身"的装置则演变为"撑架衬裙"（Vertugade），如此"织就"的整体形成了"倒置的漏斗"。意大利画家切萨雷·韦切利奥曾夸赞过那不勒斯的女子，因为她们衣装的"胸口是封起来的"，而"钟形"的裙子"名为vertugado，直挺挺地垂下，毫无皱褶"。拉伯雷（Rabelais）则夸赞了特来美[1]（Thélème）的女人和她们精美的装置："衬衣上面穿着美丽的紧身背心（vasquine），用美丽的丝质羽

---

[1] 拉伯雷在《巨人传》中写到的地方。

纱制成；其上再着塔夫绸制的环圈裙撑，绸料有白、红、棕、灰色。"而广受欢迎的服装也受到了影响，比如16世纪中期法国普瓦捷地区的款式，除了用以调整胸部的黄铜丝，还包括：

> 层层的木环，
> 让下半身浑圆如卵。

于是，下半身扩大得如此显眼，与此有关的逸闻趣事便层出不穷。比如作家保罗·拉克鲁瓦（Paul Lacroix）讲过的一个故事：未来的亨利四世躲到玛格丽特·德瓦卢瓦（Marguerite de Valois，即"玛戈皇后"）的环圈裙撑底下，以逃避圣巴托罗缪[1]（la Saint Barthélémy）的杀手（虽然不能证明确有其事，却能看出当时对这种裙形的坚持）。还有一种"工具"叫作"比斯克"（busc，即巴斯克胸衣），扮演了类似"矫正器"的角色；这种坚固的配件是用来保证上衣部分硬挺的："黄杨木、象牙、贝壳、铁、黄铜，甚至银子材质的薄板，用在裙子的前侧，以维持其状态。"这种配饰十分珍贵，人们便免不了在上面刻画各种符号、图像、文字，并赋予它别样的意义，比如朱比纳尔[2]编撰的故事集中收录的这样一段轻佻的四行诗：

> 啊我的女士予我恩惠，
> 许我在她的胸前长久停留，
> 在那儿我将她情人的气息嗅，
> 那想要取我而代之的气味。

---

[1] 圣巴托罗缪惨案：1572年8月23日夜至次日凌晨（24日即"圣巴托罗缪"日）发生在巴黎的屠杀行动，开启了一场绵延数月、波及法国全国的宗教战争。
[2] 阿希尔·朱比纳尔（Achille Jubinal，1810—1875）：法国作家、中世纪专家、政治家。他有作品收集了法国13至15世纪的寓言、小故事和韵文故事。

总而言之，相对人体本身，是理想化的几何形式占了上风：它依靠的是想象和对装置的运用，而其垂直线条又经孕育它的背景和文化合法地发扬光大。19世纪中期的史学家朱尔·基什拉（Jules Quicherat）清楚地指出了其动力："为了让织物的效果更突出，人们便想象着扭曲身体，将其禁锢在工具中，而这些工具从前都可以作刑具用。顶着'Basquine'和'Vertugade'的名字，紧身衣和撑架衬裙开始了它们的统治生涯。一旦大家开始欣赏纤细的腰肢和蓬起的裙子，想回到宽袍和短披风的时代可就再也没有希望了。"这一观点在很长时间内都占据了主流，它将传统时尚比作一台"机器"，是按照一种预设的模型来影响"自然"的奴役方式。就是这样才产生了如此明确的"身材"，令身体上下两部分互为倒影，又不良于行；但这种装饰性的结构并不肤浅，而是呼应了人们关于时代和事物的观点：令身体臣服于美的几何概念。

　　而反过来，传统的评论则对这种事物的存在漠不关心。有评论抨击变革的疯狂，却完全忽略了廓形的问题，比如阿格里帕·多比涅（Agrippa d'Aubigné）就嘲笑过"色彩科学"和那极丰富的"亚麻灰、夏日灰、珍珠灰、银灰、脸部被挠的颜色、灰鼠色、板岩色、尴尬之色、逝去时光之色、新生绿、海洋绿、牧场绿、灰绿、鹅粪色"。另一些评论则痛斥了上流社会的野心、过度的卖弄风情和淫乱的危险，鼓吹循规蹈矩和朴素端庄。这类批评的代表有1563年的作品《紧身衣和撑架衬裙的颂诗》（Blason des basquines et vertugalles）：

请您穿上您的撑架衬裙，

否则丑闻便滋生，

而您的紧身衣有何裨益，

除了表露淫乱的意义？

　　然而这样"道德高尚"的言谈却无法影响当下的态度和风俗，他们可是坚信自己"发明"的美最为合情合理。此外，回应都在行动中，十分明确。一首歌中有这样一些词句，应该是为"爱俏女子"打抱不平的：

撑架衬裙我们照样穿，

管她们还是她们虚伪的妒忌；

裹胸的撑架衬裙也不换，

谁能说这等装扮不美丽？

而此外不可避免的，就是对纤细身材越来越多的关注：连衣裙上下半身要形成相对的两个三角形，就意味着三角形相交的点需要达到身材被收窄的极限。这或许是几何学上的要求，但最终是文化的要求：这场女性形象的游戏令人联想到女性的脆弱，而这样的女性角色既无法承担责任，也不能提供劳力。纤细便意味着娇弱，其实就是传统对女性的要求，只不过现在配备了更多工具，信念也更加坚定。切萨雷·韦切利奥在他那浩繁的画卷里将这一特点展露无遗，无论是"衣着两侧以腰带收束极窄，以至于路人见之皆瞠目结舌"的都灵少女，或是紧身衣勒得"紧"到人们"已无法理解这里面怎么还能容纳身体"的西班牙女郎。还有热那亚的寻常人家女子，她们"胸饰[1]（plastron）紧紧贴住上衣"，制造出自认为"最美的效果"。这种工具也能让身体两部分互成倒影，虽然所用的织物更为粗朴，所用色彩更为素淡，而且她们会用围裙来强调下半身，可令蓬起效果更为显著。于是不免有人抨击佛拉芒女子，认为其裙装应该达到的蓬起效果不够精致，略欠美感。

也是在这一时期，瘦身的重要性剧增。有越来越多的典故和评语提到这些"优雅、纤细、迷人"的年轻女郎，认为她们所吸引的男子因为她们而"神魂颠倒"。还有那个阿朗松（Alençon）检察官的妻子，因为美丽且身材"轻巧"，以至于经常遭到"法国塞镇（Sées）主教的跟踪"。布朗托姆[2]（Brantôme）也描写过"腰带和腰肢"那"崇高的纤细"，并视之为美学完善之榜样。关于追求美的冒险的挑战，也有越来越多的事例出现。让·利埃博[3]（Jean Liébault）曾列举过"若干出身高贵

---

〔1〕一种片状的布料，放在胸前起装饰作用。

〔2〕布朗托姆，即皮埃尔·德·布尔代耶（Pierre de Bourdeille），曾为布朗托姆修道院院长，法国著名作家，亦为当时的社交圈名流。

〔3〕文艺复兴时期的医生，有若干医学和农艺学著作。

切萨雷·韦切利奥,《古代与现代服装》(意大利文书名: *Habiti antichi et moderni di tutto il mondo*, 1590年), 1859—1863年, 巴黎, t.I, pl.181, 私人收藏

切萨雷·韦切利奥的作品证明, 16世纪, 欧洲连衣裙的廓形确实在国家之间进行了广泛的传播, 同时也证明了这一现象已经超越贵族圈层。在这一大范围的不约而同中, 意大利、法国、西班牙或英国的女子, 尊重着彼此十分相似的衣着模型。(这些廓形令形式上的完美、庄严呆板和静止不动的状态都接近理想化, 跟女性几乎一致的地位密切关联。)

的女子"为了"拥有纤细的身材"而采取的各种极端措施："绝食"，食用"白垩或其他石头粉末"，喝醋等酸性液体或吃柠檬。她们的目标十分明确：减少身体的水分，也就是她们眼中脂肪的代表，而对可能造成疾病甚至死亡的危险后果，却又完全忽略。就连逸闻趣事也多有表达如此束缚身体太过分的意思。16世纪初，法兰西的安妮[1]（Anne de France）就曾在给女儿的建议中引用过这样的逸闻，比如"普瓦捷的一个年轻女子"因为衣服太紧而突然倒地，"昏迷"不醒，致使其未婚夫取消了婚约。男人是怕她"有将来再无法怀孕的风险"。学者亨利·艾蒂安（Henri Estienne）在整理16世纪中期的一些文献时也提到了这个主题：

> 我听人提起几位小姐，
>
> 甚至还颇有名望，
>
> 哪怕会伤害珠胎，
>
> 穿束胸时也毫不犹豫，
>
> 只是不能损害了身段优雅的名誉。

可见当时"身材"有多么重要，这里的逻辑又多么直白。此类风俗之强悍，甚至不惧指责和强权。

---

[1] 路易十一的长女，曾担任弟弟查理八世的摄政，此期间为欧洲最有权势的女性之一；后又为女儿担任波旁公国的摄政。

（后世认定作者为）约翰
大师（Master John），凯
瑟琳·帕尔（Catherine
Parr）肖像，约1545年，
伦敦，国家肖像画廊

16世纪中期，亨利八世
的第六任妻子凯瑟琳·帕
尔所穿的这一身华服，将
理想的几何形式推向了极
致，就连袖子本身也是三
角形的。

巴斯克胸衣，1630年，伦敦，维多利亚和阿尔伯特博物馆

弗朗索瓦·拉伯雷提过的这种巴斯克胸衣是硬挺的束胸衣的一种前身：上衣主体是低胸设计，几乎没有袖子，用系带的方式收紧腰部。而环圈裙撑就是从这种短上衣的垂尾上"铺展"开来的。

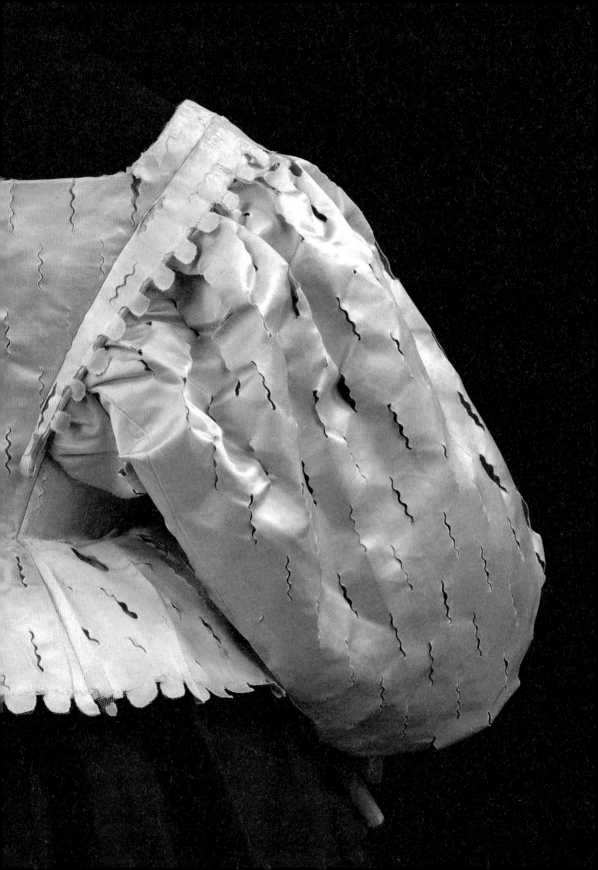

第 2 章

上半身的胜利

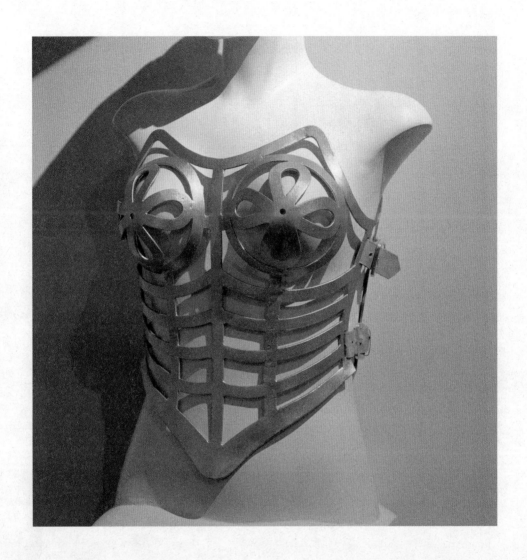

铁质紧身背心，1550年，德国霍伊巴赫（Heubach），米德博物馆（Miedermuseum）

最早的一批束胸衣作为衣着配饰颇具独立性，它被设计出来是特别用以"承托"胸部的，架构为铁质。起初，这些胸衣的作用是对身体进行矫正。而到了16世纪末，其重量变轻之后，便偏向适应美学要求了。

裙子的文化史

在漫长的线条演变游戏中，女士上衣的特色越来越多，如轮廓变得更加纤细等。这种狭窄的设计也在潜移默化中为更多人所接受，因为它更好地展示了女性的精致和纤美，甚至"灵性"。它们貌似在赞美一个女人，却又毫无疑问地将"女性"与"美"混为一谈。这种"结构"或许是流于形式的，但也在其后很长时间内重塑了女性身体各部分的层级：上半身的侧面被收紧，自成一体，安装在从髋部打开的底座上，却用裙子无尽的褶皱将腿部完全掩藏起来。于是，胸部变成了花茎，面部成了花冠，而裙身便是一个体积巨大、似可容纳一切饰品的基座。这是"花瓶""花束"的美，或"雕像底座"的美；它们来自对身体的各种"露"与"藏"所进行的调整，其成果则代表了传统女性的形象。这里还是需要收紧胸部的束胸衣和撑起裙摆的硬挺物件。如是，女人才能气势崇高地挺立在一个由展开的织物构成的底座上，从而强调这一由外部手段和静止状态所成就的庄严而呆板的形象。这一女性形象既内敛又优美，既精致又被动，可谓前所未有，因而产生了更为长远的影响。

NON SINE SOLE
IRIS.

底座之相，迷恋之像

至16世纪末，连衣裙外观的变化已经对后来裙子的发展产生了长远的影响，而其首要表现就是在硬挺度方面进一步增强，尤其体现在女士上衣上，材料之坚固有各种各样的例证。

御用外科医生安布鲁瓦兹·帕雷（Ambroise Paré）曾提及早期的紧身胸衣。他说，有些女孩"肌肉太软弱无力"，从而导致鸡胸或驼背，于是便有了专为她们设计的铁胸衣。这些胸衣结构毫无弹性，会在上面"穿洞以使其不会太重，（还会）经过各种调整和填充，以保证其绝不会造成任何伤害"。然而它的应用却迅速超出了病理学的范畴。1549年，西班牙贵族妇女埃莱奥诺尔·德托莱多（Éléonore de Tolède）向本国军火工匠洛伦索（Maestro Lorenzo）订购过两件"铁布衫"。该世纪末，法国王后玛格丽特·德·纳瓦拉（Marguerite de Navarre）让人将"马口铁固定在她身体两侧"以"获得更美的腰肢"。

还有其他不用金属的装置，可能更易于操作，也更受欢迎，但同样僵硬："凸纹布胸衣"（corps piqué）。这种包裹上半身的"胸甲"通过织物中穿插的鲸须变得硬挺。这一类装置对"机器"所具有的全新原则进行了延伸，使其在服装上的应

艾萨克·奥利弗（Isaac Oliver），《彩虹肖像，女王伊丽莎白一世》（*The Rainbow Portrait, reine Élisabeth 1re*），约1600年，英国赫特福德郡（Hertfordshire），哈特菲尔德庄园（Hatfield House）

约1600年所作的这幅肖像画中，伊丽莎白一世的衣着庄严华美，遍是精美的蕾丝、鲜艳的色彩和装饰繁复的布料。但外装之下掩藏的结构，仍然是那个几何廓形和束起的胸部。

法国学派,《1581年9月24日,为茹瓦约斯公爵安和玛格丽特·德洛林-沃代蒙的婚礼在卢浮宫里举行的舞会,有亨利三世和凯瑟琳·德·美第奇在场》(*Bal donné au Louvre, en présence d'Henri III et de Catherine de Médicis, pour le mariage d'Anne, duc de Joyeuse, et de Marguerite de Lorraine-Vaudémont, le 24 septembre 1581*),约1581—1582年,凡尔赛,凡尔赛和特里亚农城堡

16世纪末,束胸已经成为"讲究"衣着中不可或缺的组成部分。它将上半身束成纺锤形,令其下方末端在腰部形成尖角,所以胸腰形状与纺锤的接近程度前所未有;同时,下半身的裙摆则散开为无数的裙褶。一种新的廓形已清晰可见,完善了之前各种廓形中正在形成的元素:人的上半身变成了花茎,安插在裙身形成的底座上,而人的面孔则在最上面成为花朵。这就是文艺复兴时期"美"的首要标志:女人仿佛只为成为配饰和穿着华服而生,她们的美与花朵和雕塑的美相差无几。

用也深入人心；于是，"器具"在16世纪初诞生了，为了使服装更加硬挺，把服装变得格外复杂。它使用贴身的骨架代替了胸骨的作用，使用人工模型引导和"修正"着天然的躯体。其使用目标越来越明确地定位于女性的胸部，并在法国、意大利、西班牙、英国流传开来，包括伊丽莎白一世在内的女性的上半身都接受了塑造，严整得如同一个箱子，而这包裹性的框架则在"针脚处露出织物下面的鲸须"。

威尼斯大使的秘书利波马诺（Lippomano）走过法国各地，于1580年用一段描写赞美了这一创新手段："法国女人的腰肢之细，无法言表；她们喜欢系上腰带，用加工过的织物和环圈裙撑令裙身鼓起来，这些手段为她们的身姿更添优雅。在衬衣之上，她们会穿着被称为'corps piqué'的胸衣或者短上衣，以令身形挺拔；胸衣在背后结扣，却令前胸更为突出。"16世纪末期的许多版画也反映出这种款式：一幅画中的路易斯·德洛兰（Louise de Lorraine）穿着一件很紧的"胸衣"（corps，也就是corps piqué），"装饰以各种宝石"；哲学家蒙田的"干女儿"玛丽·勒雅尔（Marie Le Jars）所穿的胸衣则在腰的中部形成了一个尖角；还有1581年关于茹瓦约斯公爵（duc de Joyeuse）舞会的作品中，女舞者被紧紧勒在"茧形"（coques）的束胸衣里，通过线条和颜色可见，她们的身形已束成了极端的纺锤形。还有一个更重要的例子，德国慕尼黑的巴伐利亚国立博物馆（Bayerisches Nationalmuseum）中收藏的制造于1598年的胸衣就是这种款式于16世纪在欧洲传播的证据。这件胸衣曾经的主人是多罗特娅·萨比娜·冯·诺伊堡（Dorothea Sabina von Neuburg）公主，其50.8厘米的腰围和71厘米的胸围也证明了她经过格外努力而达到的纤细身段。一些钩子取代了系带，脱衣服时需要一个仆妇来帮助"解扣"。作家雅克·伊韦（Jacques Yver）在他1572年的新闻汇编里提到，这种东西会让女士颇感不适。

"瘦身"，变得更多"用工具辅助"。与此同时，还出现了最后一个变化。16世纪末荷兰一位无名作者的版画《疯狂热爱者之店》（La Boutique des enragés amours）诙谐地反映了这一变化：几个仆妇正在往穿好束胸的女士的腰下面塞垫子。这段时间，女性下半身的线条又产生了变化，身材轮廓有了新的走向。下裙不再是一个锥体，而是一个如气球般鼓起的形体。版画的图释嘲笑了这一手段：

　　　　　裙子的文化史

《疯狂热爱者之店》，16世纪，私人收藏。参见约翰·格朗-卡尔特雷（J. Grand-Carteret）的著作《从图像、批评文章、案卷中所见的历史、生活、风俗和奇观》（*L'Histoire, la vie, les moeurs et la curiosité par l'image, le pamphlet et le document*，1450—1900年），1927，巴黎，奇观与美术图书馆（Librairie de la curiosité et des beaux-arts），t. II，第341页

16世纪，人们将垫子放在裙子的腰部下面，以增加裙子撑开的程度。由是，鼓起的廓形代替了三角形。束胸安装在一个"底座"之上。

　　来吧，臀部扁扁的美丽姑娘，

　　很快它们就能变得圆润漂亮。

　　但这并不是关键所在。这种操作的目标并不是被掩藏已久的臀部，而是身体的中部，这本质上是一种分配身体上下两部分的方式。玛丽·勒雅尔的画像就是一个很好的例子：下裙在腰部就开始从两边向外延展，离开胯部，随后才下垂、散开为无数的裙褶。《盖尼埃作品集》中有一幅画，是绘于1586年的《好出身的年轻女孩》，其形象更有参考意义：画中，她因安置在腰下的一个大圈而呈现出充气的效果，下裙好似被挂起。更好的例子是《宫廷女子》一画，她"拥有贝壳般的……人造胯部"，以便令下身更好地"横向发展"。这样的款式不再让两个三角形对称存在，而是形成了两个物体叠放的模式；这个整体是让两个垂直体，也就是胸部及其底座产生合奏效果。这两个部分叠加，甚至产生了层级，这一现象前所未有。自此，这种模式所偏爱的轮廓已然清晰。这种轮廓在之前的身形中其实已经模糊可见，此时终于大功告成：重点在上半身，也就是胸肋部、面部，它们都愈加纤细，庄严地端坐在更宽的下半身上。这样，身体上半部分便更显轻盈，并通过另一个新"工具"的支撑，令廓形的表达更加强有力。这个工具就是"环形软垫"（bourrelet matelassé），被置于裙下的它"似马车轮大小……从前往后撑开，内部以铁圈或者灯芯草圈为核心，填充以废麻料，裹以珠地面料"。这种工具同样被用来塑造打开的宽阔底座，用以安置上半身。它的名称则更为粗俗，叫"高臀器"（hausse-cul），但也显示了它所要达到的美学标准："这种手段，可使她们的身体看起来苗条、有形而优美。"而因为这种装置，裙子上形成了横向的褶皱，围绕在腰的下方，所以又有一个名字——"鼓状裙撑"（Vertugade à tambour）。西班牙画家委拉斯开兹（Diego Velázquez）的代表作《宫娥》（Las Méninas）就是体现这种工具存在的极致代表，画中的公主们"宽度超过高度"肉眼可见。

而老百姓的着装自然也有样学样，采用了这种廓形。盖尼埃的画册中进行采摘的农妇身处亨利三世（1551—1589）时代，其着装也遵循了同样的原则：腰部以下的裙身部分明显提高，"胸前系带，配上黑色的围裙"。其他农妇的穿着中，裙身通过添加布料而倍增的厚度清晰可见。胸部轮廓置于扩宽的下半身之上，便得以复刻贵妇们的线条了。切萨雷·韦切利奥所描绘的威尼斯农妇也是一个例子："她们在裙身上装饰了一些由丝绸或其他细软布料所做的小绉泡，这是用针把一些丝绳挑扭出来的玫瑰花图样。"荷兰画家勃鲁盖尔画中的农妇也通过身上的大围裙增加了腰以下的厚度。这里更多地使用了织物制作的软垫来制造扩张的效果，而不是用硬挺的木圈，毕竟前者价格更低，还不那么碍事。而她们上衣的系带也不那么紧绷。对劳动妇女来说，她们的活动更加自由，却能维持跟之前相似的整体线条。但老百姓

《农妇》（*Paysanne*），16世纪末，图画来自
《盖尼埃作品集》，巴黎，法国国家图书馆

底座的典型形象穿越了社会阶层，正如女性地
位一样。

《穿连衣裙的女孩》（*Fille en robe*，又称《身
　上装"贝壳"的女孩》），16世纪末，图画来
　自《盖尼埃作品集》，巴黎，法国国家图书馆

有时，裙撑会由一个几乎是横向的装置构成，
就好像平放的轮胎（贝壳）一样；它延长了腰
部，使下半身轮廓的撑开程度前所未有。

迭戈·委拉斯开兹，《宫娥》，1656 年，马德里，普拉多美术馆（Museo Nacional del Prado）

束胸衣、横向的燕尾（basque）、喇叭口的裙撑，宫娥们如此传统的形象，赋予下半身廓形极为明显的宽度，甚至令它与高度等长了。

　　　　　　　　　　裙子的文化史

的着装和公主们的还存在一个细微差别——下裙摆离地面稍远，这当然是为了更方便她们脚步的移动。

于是，一种廓形就这样稳定了下来，连雕塑艺术中也并不鲜见。这种廓形穿越了社会阶层、欧洲的地理边界，强化着传统对女性的想象：这种想象中，美是通过装饰和静态来实现的，而女人也成了这种想象的唯一符号。这样的廓形强加了对宗教传统的参考：被放在首位的是面孔、手这些"表达工具"；而岿然不动的下半身则以前所未有的程度掩藏了自然曲线。"上半身"承载着淑女的举止，聚焦了姿态，"垂直化"了线条。诗人莫里斯·塞夫（Maurice Scève）在他为疯狂热恋的对象德莉（Délie）所写的诗篇中，也将面孔看作中心点和崇高的极致，认为这个焦点对一个人有"提纲挈领"的作用，而对人这个整体却颇吝惜笔墨：

> 你的容颜，对自然伟大荣耀的体现，
> 但我却太过惋惜，因这面孔让我心想，
> 你正直气度如此庄严，
> 你亲切面容如此善良，
> 你花样年纪让人敬仰。

而"底座"也不是"中性"的：对裙身的丰富装饰和加工可以为它大大增色。绳结、丝绦、饰带用起来不限数量。盖尼埃的作品集中有约1570年所作的"宫廷妇女"画像，展示了其"底座"上的"深黄色花样"，黑与绿混合的底色，以及"银色的花边"。各种各样的材质也会让装饰更为复杂多变。而丝绸、锦缎或者天鹅绒这些高雅的材质，与麻料或者羊毛粗呢等的"粗俗"相对比，很容易凸显出高贵。然而，"底座"的作用在于掩盖下半身并使全身显得稳定。意大利诗人阿尼奥洛·菲伦佐拉（Agnolo Firenzuola）在他1578年的作品《女士美之论》（*Discours de la beauté des dames*）中，通过强调身体下半部的"无用"来指出美的所在："自然便是要女人和男人去发现身体的上半部，掩盖下半部；因为显而易见，上半身才是美的真正所在，下半身不过是基础和底座，用以支撑更高级的部分。"法国医生让·利埃博也在他关于美容的论著中，研究了完整的身体之后声称，人们"只在意没被遮盖的部分"。16世纪末的一段母女谈话流露出这样一个看法，也让前述的态度更为明显：

何必担心双腿，

反正也不该露出来。

菲伦佐拉则强化了这一逻辑：他甚至将女性的胸部勾画为细长的花瓶，于是手臂变成了把手，面孔成为瓶中花束，而裙子则成了底座。"底座"这一概念由此大功告成：精心打造的容器威坐于其固化的、"标准化的"的支撑物之上。它甚至可以"生发人物"，表现姿态，撑起身体上最尊贵的部分。作者的朋友德朗普拉夫人（Mme de Lamplat）堪称优雅气质的代言人，她便收到了这样的评价："那不仅是一个美丽的花瓶，更是一个承载所有美德的衣橱；这些美德装饰和美化了一位淑女的精神世界。"这些比喻生动地传达了关于女性的固化的"底座"，以及"上半身"的魅力。

与此相对的，便是思想自由的人士对双腿的各种记载：腿那时常是"躲躲闪闪"的状态，这种神秘感，更激起了人的欲望和好奇心。比如那个目睹一位女士从马上摔下来的年轻男子，因为看到了"她身上美丽而白皙的部分"而受到了诱惑，甚至"为她坠入爱河"；还有故事是关于那些卖弄风情的女子，她们寻找机会展露自己的腿部，以更好地诱惑自己的情人。布朗托姆有一个长篇故事，写到一个"美丽而正派的女孩，爱上了一位大人物"；她就是假装自己袜带掉了，要整理自己的

彼得·保罗·鲁本斯（Peter Paul Rubens），《在忍冬架下》（*Sous la tonnelle de Chèvrefeuille*），1609年，慕尼黑，老绘画陈列馆（Alte Pinakothek）

在这幅鲁本斯与妻子的画像中，伊莎贝拉·布兰特身穿的硬质束胸已达到了"美饰"的化境。这件装饰品拥有图画般的多彩图案，在整套衣裙中十分突出，下缘甚至远远超出了腰带的位置，形成了一个"硬壳"。

长筒袜，在这位先生面前展露了自己的身体。这个男人便心旌摇荡，"目眩神迷，似乎这腿对他施展的魔力更胜于她美丽的面庞"。

最后，对盲目"瘦身"的批评再次出现。安布鲁瓦兹·帕雷在他的外科医生笔录中不无苦涩地写道：

> 我记得我曾解剖过宫中一位夫人的尸体。她为了拥有美丽纤细的身材而束紧自己，以至于我发现她的假肋[1]都重叠在一起，将她的胃挤压到无法装下肉食，一旦吃喝就被迫吐出来的地步。身体得不到营养，日渐消瘦，最后死去时几乎只剩皮包骨头。

蒙田也见证了这一现象。从他的描写中可见，就算他不是大彻大悟，也算是敏锐的观察者了：

> 为了能得到西班牙式的身材，她们得忍受何种酷刑啊！僵硬又紧缩，肋边还有大钩子，甚至直逼皮肉？对，有时还会因此死掉。

但这么多意见也没有对风俗的主流方向产生任何影响。硬挺的女士上衣在欧洲传播之广，甚至几年之后鲁本斯在为自己和妻子的自画像中也对其进行了清晰的展现：他的妻子伊莎贝拉·布兰特（Isabella Brant）穿着的束胸经过了细致的施色，拥有圆滑的线条，长长地延伸到腰带以下的位置，甚至形成了一片"三角胸衣"（pièce d'estomac，英语的 stomacher），完美地与带着褶皱的金褐色裙子融合在了一起。

---

[1] 人身上第 8 到 12 根肋骨，也就是靠下方的肋骨。

胸衣和"篮子"（17到18世纪）

　　然而17世纪的诗人认为，这些装置体现出的是身体，是它的整体和轮廓。被加工、重塑的线条将"真实的身体"改头换面，赋予其合理性，这一结构就变成了"自然"。人们歌颂它、赞美它，仿佛它从来如此。讽刺诗人马蒂兰·雷尼耶（Mathurin Régnier）更在其中看到了一种成就：

> 为您所做的裙装，
> 如此完美且闪闪发光，
> 当这身华服为您更，
> 便是再一位美神，
> 艳冠世上所有美人。
> 您美丽的身躯款款而来，
> 袖子设计得如此端正，
> 裙褶捏制得如此齐整，
> 下身又圆又美丽。

　　然而这下半身什么都有，就是没有"腿"。人工矫饰的成就如此昭彰，几乎成为"解剖学"的真实，重塑的结果则摇身变成了"自然"，而上下分级后的身体则变成了"真相"。这便是古典主义的确定性所在：它是用理智来强加一种廓形，以便更好地"造就"并歌颂身体。其中当然存在一些细微的差异，但在17世纪的背景下，这些差异间有着千丝万缕的联系。

56　　　　　　　　　　　　裙子的文化史

雅克·卡洛,《贵族妇女:持扇的夫人》
（*La Noblesse: La Dame à l'éventail*），约
1620—1623年,巴黎,法国国家图书馆

雅克·卡洛用心地展现了那些在17世纪
初成为传统的工具:气球般的裙子,锥形
的束胸上衣。肩部展开更多,以便更好地
烘托悬立于整个身体之上的"花朵"般的
面部。

　　裙子首先出现变异是在1635年到1645年之间,表现是外观变得相对朴素,下
身的蓬起程度也前所未有地收敛。裙撑似隐身而去,裙身的体量也减小了。由亚
伯拉罕·博斯(Abraham Bosse)在1640年所绘制的套装,跟雅克·卡洛(Jacques
Callot)早几年所绘制的便有所不同。肩部的存在感变低了,上衣不再是明显的
"三角形",腰以下的部分蓬起程度也较小。"浮华感"消失了。颜色更为中性,廓
形更为僵硬,可见天主教反宗教改革的力量也渗透到了女性的外表之中。受到新生
的詹森主义支持,1634年颁布的法令虽然跟之前的若干法令有重复,但实际上部分
推动了衣着的变革。在一幅版画中,一位夫人抱怨着她需要放弃的东西:"所有的
刺绣、有孔饰品、冲压金属饰品、金银绦、纽扣、放大镜、镶珠金冠、金丝饰品、

LA DAME REFORMEE.

亚伯拉罕·博斯，《信新教的女士》
(*La Dame réformée*)，约1635年，
巴黎，法国国家图书馆

由亚伯拉罕·博斯创作的插画中，
反宗教改革时期的裙子外形更为朴
素，蓬起程度较小，锥形不那么明
显，其线条更直，或者说整体更平
滑，但曾经的廓形并没有完全消失。

小链子、饰带、花结，还有其他类似的东西。"而主教黎塞留的天下则大张旗鼓地
污蔑和反对改革，组建了众多忠诚的联盟，或者"包括在俗教徒和教士在内的各
秘密社团"，如"圣礼团"（Compagnie de Saint-Sacrement），针对风俗来采取行动。
服装的线条便"逐渐地简化了"。但其外形的改变并不算翻天覆地：上衣里还是有
鲸须支撑，底座还是颇为宽大，裙子"后身堆叠了很多布料，在腰部形成了大型
的管状褶裥"。廓形一如既往，似乎并没有经历过真正的变化。上半身还是焦点所
在，下半身还是岿然不动。宽大的包裹和静止的状态互相配合，这种女性"应有"
的形象还不会被颠覆。其证据之一，就是在17世纪中期为大众所熟悉的一种"工
具"——束身短外套（Hongreline）。这种收身的短外套带着硬挺短小的燕尾，从腰
部开始向下展开。亚伯拉罕·博斯所画的几位女性人物便穿着这样的外套：这些资

亚伯拉罕·博斯，《在工作室中的雕塑家》(*Le Sculpteur dans son atelier*)，1642年，巴黎，法国国家图书馆

在亚伯拉罕·博斯的笔下，造访雕塑家的女士所穿的裙子虽然朴实无华，但束胸衣和下身裙摆的蓬起状态都未曾消失。由此可见，不管时间如何向前，就算裙子更为朴素，传统的架构还是一如既往。

产阶级女性在逛鞋店或者雕刻作坊，还有人在参观皇宫的画廊。不妨再提一下，裙身蓬起的程度更为收敛，但在全身装束中仍然显眼。而那些腰线下堆叠的褶皱，她们的"包包"，身体两边由提起的布料形成的大口袋，资产阶级女子那宽大而蓬起的披纱，或是寻常人家女子的双层围裙……这些元素都一如既往地印证着同样的轮廓："裙子贴着腰胯处捏出褶皱，还得叠加一条或几条衬裙，叠加数量取决于经济

让-巴蒂斯特·布歇,《有荷叶边的印度鸡:一位公爵夫人的漫画像》(*La Poule d'Inde en falbala: caricature d'une duchesse*),17世纪,巴黎,法国国家图书馆

到了17世纪后半叶,下半身明显蓬起的形态强势回归。"伟大世纪"不愿意龟缩在"反宗教改革"时期的艰苦生活里。让-巴蒂斯特·布歇这一讽刺版画嘲讽了各种配件和"荷叶边"装饰,因为这些物件导致裙摆更为沉重,体积"极度"扩张。

能力和季节。"

随着这个世纪向前推进,还有其他的细微差异逐渐出现,比以前更强有力地巩固了下半身的圆润形态。"反改革者"的朴素做派在本世纪后半叶烟消云散,绶带、花边、绳结又再度蓬勃涌现在宽大的裙身上。"浮华风再度大行其道"。"伟大世纪"[1]的宫廷崇尚煊赫华丽,极大地丰富了服装面料的种类。比如在塞维涅侯爵夫人(marquise de Sévigné)的冷嘲热讽中,德蒙特斯庞夫人[2](Mme de Montespan)的着装是"金上铺金,镶金再镶金,上面还得加一块涡纹金饰,少不了也得用金丝提花或是用金线混纺,最后造出来的,是天上有、人间无,谁也想象不出来的神仙布料"。

─────────────

〔1〕伟大世纪(Grand Siècle):指法国在路易十三和路易十四统治时期的繁华盛世。
〔2〕法国国王路易十四最著名的情妇,他与其生了七个私生子女。

塞巴斯蒂安·勒克莱尔，《卖牛奶的女人，左侧站姿，头上顶着一个奶罐，用右手扶着》（Laitière, debout, de profil à gauche, portant sur la tête un pot à lait, qu'elle maintient de la main droite），《风尚》（Modes），约1660年，巴黎，法国国家图书馆

塞巴斯蒂安·勒克莱尔，《年长的女子，左侧站姿，左臂沿身体垂下，右臂伸直向前》（Femme âgée, debout, de profil à gauche; le bras gauche le long du corps, le bras droit étendu devant elle），《风尚》，约1660年，巴黎，法国国家图书馆

老百姓为了实现下半身的弧形，用褶皱、宽袖长衬衫（surplis），加上更多的布料和围裙，创造出属于自己的平价替代品。上衣本身是要束紧的，但又像这位卖牛奶的女子一样，在胸前隐约露出系带。

　　同样的华丽之风还体现在裙身添加的各种装饰品上，这些装饰品能够帮助裙身更好地蓬起展开。新的名词和物品层出不穷，比如荷叶边、齿状花边、百褶边、"丝质履带"、"雪样花边"，这种种都是用来装饰下半身的织物，也是为了让它显得体积更大。让-巴蒂斯特·布歇（Jean-Baptiste Bouchet）于1700年创作的讽刺版画作品《有荷叶边的印度鸡》印证了这一风潮：

着齿状花边和芳登蝴蝶结（fontange）的女子，

自以为美得像个天使，

但这毫无意义的荷叶边，

用它庞大的轮廓，

把她撑起如高楼一座。

而这些工具如此之强，

让她膨胀，让她高傲，

让她宛似印度来的鸡宝宝。

　　德苏比斯夫人[1]（Mme de Soubise）也用她自己的方式印证了这一现象。她"怕腰部太热"，会让血色上脸，"红了鼻子"，显得面孔憔悴，因此"……从不像别的女人那样层层包裹"。但她是"个例"。英国日记作家塞缪尔·佩皮斯（Samuel Pepys）曾不知疲倦地跑遍了伦敦，来观察欣赏各色着装。他也强调这一风尚已成为服装主流，在17世纪后半叶的英国也如此："今天我的妻子非常漂亮，因为她穿着袖口翻边、带荷叶边的新衣。"

　　上身追求典雅，下身追求宽大，这一经典服装形态已经跟束胸衣一样制度化了，获得了公认的地位。而束胸衣的存在，是这种形态的铁律之一："没有比束胸上衣更正当的存在了。"在一首回旋诗中，作者瓦蒂尔（Voiture）这样强调。塞维涅侯爵夫人则把束胸衣当成了瘦身是否成功的参照物："我绝不胡吃海塞，绝不可能变胖；我可是把束胸衣两侧都收窄了一个指头的宽度。"教育领域也认为应该尽早将使用束胸衣提上日程。其使用变得如此普遍，甚至开始以更年轻的女孩为目标加以"塑造"。舒瓦西（Choisy）修道院院长在1695年态度坚定地勾画出了一条闻所未闻的"女性化"道路："她12岁时腰部就已经定型了。当然，我们是从她童年时就开始用铁束胸来略加束缚，以便让她现出胯部线条，并托高胸部。所有措施都达到了目的。"其中的讽刺意味真是不言而喻。这种廓形不仅强加到了自然的身

---

〔1〕法国国王路易十四的情妇之一。

体之上，还对其进行了调整和塑造。由此便出现了儿童使用的束胸衣，以及"妇女及儿童束胸裁缝"这一新职业。束胸的目的清晰地写在了17世纪末的词典之中："防止大胸太过明显，令身体曲线难以察觉。"而它的踪影也在欧洲其他国家出现了："令躯干保持笔直。"于是这样的裙子轮廓也侵入了教育的领地。曼特农夫人[1]（Mme de Maintenon）给圣西尔学校的建议证明了人们对女孩子的期望和不断矫正："她们裙子的束胸前面开口太低，而衣服前襟的上缘不够高；简而言之，她们的胸露得太多了。"在精英群体里，这是从童年到成年一以贯之的。既定的廓形势不可挡，指导着自然躯体的发展方向，持续引导着人类线条向着"加工过"的廓形靠近。

老百姓服装的廓形里是同一套构架的影子。17世纪末，由保罗·拉克鲁瓦注解的一幅版画中，农妇身穿"束胸上衣和有大幅褶边及绿色刺绣的裙子"，还有鼓起的围裙，"跟她的头巾一样洁白"。由塞巴斯蒂安·勒克莱尔（Sébastien Leclerc）所绘制的"搬运女工"胸口有系带，所以由此可以推测，她的上衣应该是软一些的，但上下半身的"结构"却是一致的。

朱莉·凯瑟琳·布尔曼（Julie Catherine Bulman）对旧制度下的服饰风尚进行了仔细研究，她在笔记中写道："18世纪初，不同阶级的服饰风格是相似的，但使用的材质并非如此。贵族购买的衣裙外套使用丝绸、羊毛料、花缎、金银织锦缎、塔夫绸及一些金银材质。羊毛料因为其御寒能力只用在冬天。雇工和仆人能穿羊毛是因为这种材料耐用且实用。"

18世纪刚开始时，还产生了另外一种细微变化，即通过内置圆环对蓬起的裙摆进行了"高度"的强调。这结构还是老调重弹，但体积却更大；从前的"拼配"再现，仿佛从未被忘却。只有"篮子"（panier）这个词是新的，这种坚固的结构取名于柳条编制、用来运输商品的容器；当然，鲸须或是细铁圈也可以撑起裙子。这一工具跨越了边界，风靡了法国、英国和意大利。在瓦托绘于1720年的作品中，

---

[1] 法国国王路易十四的最后一位王后，因出身卑微而跟国王秘密结婚。她在国王赐给的封地圣西尔创办了贵族女子学校。

安托万·勒纳安（Antoine Le Nain），《室内肖像画》（*Portraits dans un intérieur*），1647年，巴黎，卢浮宫

17世纪，用来压紧胸部的硬板子显示出，儿童使用束胸衣的情况也不再限于"精英"阶层了。

让-安托万·瓦托（Jean-Antoine Watteau），《热尔桑的招牌》（L'Enseigne de Gersaint，局部图），约1720年，柏林，夏洛滕堡宫（Château de Charlottenburg）

18世纪初的作品《热尔桑的招牌》中，女访客裙身的弯曲度和光泽，让"篮"圈的存在若隐若现。

LE MARCHÉ AUX PANIERS ET CERCEAUX, CHEZ GUÉRARD, 1719 (CABINET DES ESTAMPES).

《篮子与篮圈市场》，盖拉尔出版社，
1719年，私人收藏

18世纪初的这幅讽刺版画用"篮子"
这个词玩了文字游戏，以讽刺其轮
廓，同时也间接证明了其使用范围
之广。

热尔桑画廊里的女访客展开的裙子因它而生出了波动摇摆的效果，甚至在层叠的褶
皱之下也能辨认出其存在。英国画家威廉·贺加斯（William Hogarth）的作品《时
髦婚姻》（*Mariage à la mode*）中，女性人物所穿着的裙装也是如此。甚至还有弗
朗切斯科·瓜尔迪（Francesco Guardi）于1750年创作的油画中，造访圣扎卡里亚
（San Zaccaria）修道院的女客人们，裙子如气球般蓬起，程度前所未有。1719年，
"篮子"在盖拉尔出版社出版的版画《篮子与篮圈市场》（*Le Marché aux paniers et
cerceaux*）中成了描绘对象：它的形态可能像背篓、笼子或者筒形捕鱼网，摆满了
据推测以销售"篮子"为目的的商店，而目测应为顾客的妇女们则至少人手一个。
有一幅插画的图释透露出"篮子"的流传范围之广："如果丈夫说话让你不舒服，

你就说这是表姐送的新年礼物。"1728年时出版的一本《良心问题指南》（*Manuel de cas de conscience*）中对一些问题的回答，也暗示了这种装置的流行：

> ——使用"篮子"是被允许的吗？
> ——很多听忏悔的神甫对它持宽容态度……
> ——如果听忏悔的神甫容许穿戴"篮子"，那么还是换个神甫吧，
> 以免丧失自己的灵魂。

而1722年在尚蒂伊（Chantilly）上演的戏剧《篮子》（*Les Paniers*）则代表着一波嘲弄态度的出现：

> 那可笑的裙撑，
> 来自我们的年轻时代，
> 现在穿来却不觉陌生，
> 宛如美好旧时光重来。

但其使用已经很普遍了。为了制造束胸衣和"篮子"，几年间鲸须的消费量就增加了十倍，这甚至干扰到了渔业本身："1722年，荷兰国会授权贷款60万荷兰盾，以支持在东弗里兹（Ost-Frise）创立的捕鲸公司。"而其使用也增加了更多机巧，比如在"篮子"的拱形部位添加合页，以便"在要通过门框或登上四轮马车时，能让胳膊下面的那部分'篮子'向下折叠"。而无论如何，宫廷着装都是最有代表性的。以至于弗勒里枢机主教（Cardinal de Fleury）在1728年下令，在剧院中，王后的座位两旁要各留一个空位，以便给"篮子"留出空间；而后这一优待措施又在各位公主身上普及，却又让公爵夫人们感到不满——她们觉得这样的决定轻视了自己。

于是，在18世纪初期，因为有"针对女人用来撑起裙子的大衣花边、篮子、脆硬纱（criarde）或者篮圈发表的批评"，便不可避免地也有了来自"遭批评者"本身的反击：

威廉·贺加斯，《装扮》（*La Toilette*），"时髦婚姻"系列油画第四幅，1743年，伦敦，国家美术馆

裙子的大型"蓬起"，与由束胸衣收紧的上半身形成对比，这一廓形在18世纪上半叶的西方社会形成了固定式样。

您所攻击的时尚，

可能让您受到了伤害；

但您只能无谓地抵抗，

对它的使用无人反对得来。

弗朗切斯科·瓜尔迪，《圣扎卡里亚修道院修女的休息室》(*Le Parloir des nonnes de San Zaccaria*)，1750年，威尼斯，科雷尔博物馆（Museo Correr）

裙子的文化史

第 3 章

对束缚的质疑

让-马克·纳捷（Jean-Marc Nattier），《亨丽埃塔·德法兰西女士演奏低音中提琴》（*Madame Henriette de France jouant de la basse de viole*），1754年，凡尔赛，凡尔赛和特里亚农城堡

到了18世纪中期，贵族的连衣裙进一步强调了下裙的极致扩展。精英阶层担负着责任，要将长久以来共有的底座形象尽量传承下去，而这也同时成为令面孔更美和上半身更为纤细的关键。

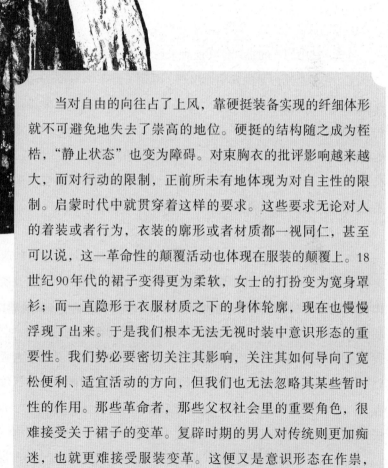

　　当对自由的向往占了上风，靠硬挺装备实现的纤细体形就不可避免地失去了崇高的地位。硬挺的结构随之成为桎梏，"静止状态"也变为障碍。对束胸衣的批评影响越来越大，而对行动的限制，正前所未有地体现为对自主性的限制。启蒙时代中就贯穿着这样的要求。这些要求无论对人的着装或者行为，衣装的廓形或者材质都一视同仁，甚至可以说，这一革命性的颠覆活动也体现在服装的颠覆上。18世纪90年代的裙子变得更为柔软，女士的打扮变为宽身罩衫；而一直隐形于衣服材质之下的身体轮廓，现在也慢慢浮现了出来。于是我们根本无法无视时装中意识形态的重要性。我们势必要密切关注其影响，关注其如何导向了宽松便利、适宜活动的方向，但我们也无法忽略其某些暂时性的作用。那些革命者，那些父权社会里的重要角色，很难接受关于裙子的变革。复辟时期的男人对传统则更加痴迷，也就更难接受服装变革。这便又是意识形态在作祟，影响了服装的廓形。

启蒙运动及对束缚的批评

　　18世纪后半叶，阿道夫·勒鲁瓦（Adolphe Leroy）提到有士兵因"袜带系得太紧"而死，其中隐含的批评意味前所未见。这一批评包含着要对身体重新进行审视的态度。它随自然科学的发明而出现，强调了形态学（morphologie）、身体系统化及固有和谐感的重要性，因为"各部分的协调能够赋予每个器官应有的形状和样貌"。"现实主义"的态度在这里占了上风。还有一个佐证："穿束紧的衣服，会降低我们的活动力，同时还会降低我们的耐力和活力。"更为经验主义的看法认为，自然应该高于人工，内在的调整应胜于外在的束缚，效能应该来源于"内部"而不是"外部"。狄德罗便坚决主张："我们并不是在学校里学习怎样控制身体移动的，这种操纵身体的意识自可以感觉到、看到、传布开，可以从头到脚游走。如果一个女人向前低头，那身体上的其他部分就会服从于这一重量的改变；如果她抬头挺直，那这一机体的其余部分也会同样服从。"而若肉体上存在统一性，那么身体各部分及其之间关联的合理性，便高于了鲸须和裙撑存在的合理性。克劳德-亨利·瓦特莱（Claude-Henri Watelet）在他的艺术思考中坚持认为，应该大力优先呈现全身构成的"整体"，而所有太"矫揉造作"的外界干预都有害无益。对这一观点进行佐证的还有百科全书派的思考，他们关注劳动者动作的有效性、内在的特点，以及手和身体在进行手工活动时实现的平衡：他们对脚夫、屋顶工、木工和船夫等的工作方式重新进行了研究，并发现这些工作中充满了戏剧性和精确性。于是，人的形体便被期待能展现出更协调自如之感，甚至达到充分舒展的程度。还有许多对传统的机器和工具产生的质疑和思考，毕竟是它们引导和塑造了服装。

　　最后是在文化视角中，人与限制的关系产生了更为深刻的变化：被研究许久的

"独立的迫切愿望"出现了。让·斯塔罗宾斯基（Jean Starobinski）将所有行为作为对象，对这一变化做出了阐释："启蒙时代的人们决定不再遵循外部强加的规则，他们渴望为自己做决定，去遵循自己感知到并承认的法则。"从个人的地位到政府的地位，从理论的地位到物质的地位，观念与想法都在变化。并不是说"这段历史要以自由的统治为结局"，但不管是对人的行为还是着装，它都产生了影响。现下的配方，是要"更柔软，更轻盈，给身体更多自由"，是减少束缚，甚至是让"遭囚禁的身体"不再呻吟的配方。这是为了宣扬某种"轻快感"而出现的新说法。

与日俱增的期待是双方面的。讽刺者先是嘲笑廓形。有越来越多的讥讽性评论针对那些形如"大教堂里的巨钟"的裙子，或者将裙子里的身躯比喻成某种"箱子里种的橙子树"，或者将女人的身形描绘成"我们在罗马或者凡尔赛看到的斯芬克司雕像"。收束太过或者蓬起太过的身形，在丧失其功能性的同时，也丧失了美感。

随后，讽刺者针对的便是限制。在卢梭的小说《新爱洛绮丝》中，圣普乐恳请朱丽不要模仿她在瓦莱山的邻居："她们得使劲束腰才能硬显出胸部……这些女士似乎并不了解自己的优势……"《诗歌年鉴》（Almanach des Muses）中也有诗写道，热恋的男子恳请他的女友摈弃那些压迫身体、令她变形的工具：

> 我看到您，您刚从榻上起身，
> 这束胸罪恶无垠，
> 立刻便收紧了您纤美的腰肢。
> 我见它如此用力地挤压，
> 那美丽的胸脯，洁白晶莹的胸脯。

而对束胸可能带来的畸变的细节，医学界进行了前所未有的研究："这些带子不仅压迫了锁骨，还导致肩胛骨上侧内收、下行，同时这两块骨头的下方也被压扁。"英国的服装时尚也更多地以实用为目标，追求"简单而舒适的衣服，同时会突出腰部的纤细"。我们也不应该忽视此时的"英国热"：18世纪末出现的"made in England"（英格兰制造），结合了科技领先所产生的威望和对乡村、户外淳朴风

《时尚陈列馆》，1786年11月1日，第24期，比松（Buisson）编辑及书店出版，巴黎，法国国家图书馆

在追求柔软性的新风潮中，法国从英国迎来这款女士短上衣（redingote）。然而它在廓形上并无任何革新之处，只是体现出启蒙时代一种特殊的期待，那种前所未有的、对活动性的渴望。其标志是手杖，女士将它当战利品一样拿在手中。

格的爱好。

批评产生了一定效果。对传统线条的展现方式已经不同以往。而评论的语气也确实变得更为柔和，虽然原有的廓形几乎没有变化。1786年出版的《时尚陈列馆》（*Cabinet des Modes*）中指出："我们不能否认，二号绘图插页中的女士所穿的外套，确实完美地收束出腰线，让线条流畅地延伸到了地面。整体看来，一切都那么纤细、宽大而柔美。上身十分轻巧，臂膀线条圆润。毫不局促，毫不窘迫，毫无窒息的危险。"但甚至是从英国传来的时尚风潮，也在相对的简朴中结合了对后身线条的强调。达到这种效果是借助了一种内置的"小装饰品"，它从此担起了扩大下半身体积、衬托上半身纤细感的任务。路易-利奥波德·布瓦伊（Louis-Léopold

路易-利奥波德·布瓦伊,《戴袖笼的女子肖像》,约1780年,私人收藏

布瓦伊的油画中呈现着一种向前的动态,而跟传统的廓形相比,裙子蓬起的弧面并没有太大的变化。

"卡萨坤"紧身女士短上衣，约1730—1740年间，巴黎，加列拉博物馆（Musée Galliera）

启蒙时代出现在法国的这种短上衣是用厚实的布料做成的，但已经去掉了鲸须，所以比以前的束胸更为柔软。燕尾到了腰线以下，并向两边展开，令裙子撑开得更大。

路易·卡罗日（Louis Carrogis），又称卡蒙泰勒（Carmontelle），《德莫夫人、女儿德莫小姐和圣-康坦为一出歌剧院喜剧排练各自的角色》（*Madame de Meaux, sa fille Mademoiselle de Meaux et Monsieur de Saint-Quentin répétant leurs rôles pour un opéra-comique*），约1758年，尚蒂伊，孔戴博物馆（Musée Condé）

18世纪中期，德莫夫人和女儿穿的衣服衣料轻盈多彩。花边、内衬、褶皱和篮子无一缺席，传统的廓形丝毫没有减弱。

Boilly）于1780年所绘的《戴袖笼的女子肖像》（*La femme au manchon*）就是最好的例证。这位女士穿着一条"英式长裙"，搭配分开的上衣，腰后的部分被高高地托了起来。毫无疑问，下半身还是像以前一样，要充分地蓬起。

相反，对身体的收束在某种程度上减弱了。首先只是"柔软化"而已，束胸还是继续存在，同时也在发生变化。1770年，《时尚先锋》（*L'Avant-Coureur*）杂志推荐了毡质束胸，是由来自兰斯的裁缝热拉尔（Gérard）销售的，推荐理由是"更轻盈，更舒适"。《时尚画廊》（*Galerie des modes*）杂志则推荐了一种塔夫绸制作的束胸，同样没用鲸须，颜色有玫瑰红、蓝色或绿色，也就是"卡萨坤"（casaquin）女士紧身短上衣。历史学家弗朗索瓦丝·瓦罗-德雅尔丹（Françoise Waro-Desjardins）发现，1770年以前，位于法国韦克桑（Vexin）腹地的热南维尔（Genainville）堂区，短工家庭的女人平均每人拥有3件束胸，手工匠家里为3.3件，而农民家中为2.6件。而1770年以后，束胸的质和量都发生了变化：短工家的女子平均每人拥有1.3件"卡萨坤"，手工匠家为3.5件，而农夫家为平均6件。词语的定义也在更新。1793年出版的《新法语词典》声称要记录"近几年来我们的语言中所纳入的词汇"；该词典强调了束胸衣一词发生的变化："通常用提花织物制成的无鲸须上衣，为女性在穿睡衣时所穿。"而其硬挺感也在减弱。时下追求的美要求更方便身体活动，动作也得更为轻盈。

此时，无论何种装束都变得更加柔软甚至松弛，服装原料也经历了再创造。平纹织物（mousseline）、薄纱、上等细麻布、细棉布、塔夫绸等改变了布料的面貌，增加了其弹性。服装的变革从内衣开始。马里沃（Marivaux）的小说《发迹的农民》（*Le paysan parvenu*）中，主角坦陈了自己见到德费瓦尔夫人（Mme de Ferval）时的震惊之情：那时，她正在读书，"穿着相当合体的便服，躺在沙发上……但便服裙并没有认真整理过。你能想象吗？那条裙子并没有好好地盖住双足，而是稍微露出了那双世界上最美的腿。女人身上的一双美腿带来的美感太让人震撼！……我能很清楚地感觉到女人的双足与腿的价值；在那之前，它们对我还是一文不值；我只见过女人的脸与腰肢，而从此我才知道，她们全身都是如此女性化的"。

《服装文物》（*Le Monument du costume*）系列版画显示，18世纪70年代流行的

让-艾蒂安·利奥塔尔（Jean-Étienne
Liotard），《阅读者》（La Liseuse），
1746年，阿姆斯特丹，荷兰国立博物
馆（Rijksmuseum）

利奥塔尔为"阅读者"的束胸衣所绘的
"柔软的"系带，便是对启蒙时期法国
衣着上新出现的流畅感所表达的支持。

女士浴衣，从前仅限"浴室里"使用，而现在"我们美丽的女士们"则将它归到了
"雅致的便服"一类中了。"便服"（déshabillé）这个词，甚至"室内便服"已经变
得常用，连宫廷中也可见到。当玛丽-安托瓦内特（Marie-Antoinette）象征性地远
离凡尔赛宫，住到小特里亚农宫时，她穿的就是这种衣服，以"推行舒适、宽大、
较少束缚的衣着"。当贵族阶层试图向自然看齐时，身上披挂着人工装饰、喷了香
水的羊毛假发，脑子里装着对田园的幻想，"便服"竟然就是这一切的中心。而这
一切都显示出这个世纪正在发生的变化——更为深刻地质疑着君主政体，痛斥其禁
锢和威权。

我们应该记住一些证据，因为它们表明，女性的动作、姿态都更加自由，虽
然可能是相对的，却很突出。路易·塞巴斯蒂安·梅西耶（Louis Sébastien Mercier）

让–巴蒂斯特·安德烈·戈蒂埃–达戈蒂（Jean-Baptiste André Gautier-Dagoty），
《玛丽–安托瓦内特在她凡尔赛宫的房间里演奏竖琴》（*Marie-Antoinette jouant de la harpe dans sa chambre à Versailles*），1776年，凡尔赛，凡尔赛和特里亚农城堡

在这身宫廷装束上，廓形没有任何变化，但面料的轻盈程度和流动感却有了变化，其目的是为行动留出更多空间。启蒙时代，女性用自己的方式争取着一种新的，但有限的"自由"，女性穿衣的"自由"。玛丽–安托瓦内特的这一形象很有代表性，也再次确定，女装从未放弃过对"底座"概念的参考。

裙子的文化史

让-巴蒂斯特·西梅翁·夏尔丹（Jean-Baptiste Siméon Chardin），《洗衣女工》（*La Blanchisseuse*），1737年，圣彼得堡，埃尔米塔什博物馆（Hermitage Museum）

作为一个身份低微的女人，夏尔丹笔下的洗衣女工仍然依靠衬里和围裙，保留着传统廓形中蓬起的裙身。

有这样一段精彩的描写：

> 以前，那些小姐身姿笔挺、安静、凝滞，穿着束胸、戴着裙撑，双
> 眼永远低垂、不碰盘中食物。而上甜点后她们必须唱歌。如今呢，小姐

们只吃不唱，端庄地享受着自由，也会环顾自己四周；说话略少于她们的母亲，音量也更低一些，微笑而不大笑。

然而，如果看到环境如此宽松，便认为身体已经在与衣装的斗争中得胜，那就大错特错了。宫廷里的状况毫无疑问是很严格的，女士们如果没有严格地束紧衣裙（tightly constrained），仍然会被认为不符合礼数。就算是多少跳脱了模式的玛丽－安托瓦内特，也是用更柔软的材质结合了不曾变过的廓形：身体下半部分湮没在宽大蓬起的轮廓之中，依然演绎着"上身与底座"的主题。看起来更为自由的"简朴"裙装，仍然散开了它无尽的裙褶。这里对"自然"的看法十分特殊，带有很强的时代标记，即便其计划是"用身体来令丝绸成形"。现实则并非如此：日常可见的美，并不是来自身体的自然曲线。18世纪末，卡蒙泰勒所绘的德莫夫人也对此进行了佐证：德莫夫人出身于阶层较低的贵族家庭，画中的她所穿的条纹缎裙，面料用了较便宜的棉线作为纬纱，里面的裙撑几乎清晰可见，裙褶则形成了扇形。在奥布里（Aubri）于1777年创作的农妇形象中，我们可以注意到同样的特点。此外还有夏尔丹画中的那些女仆，她们通过双层的围裙提高腰胯两侧、加宽裙摆。18世纪中期的系列彩色铜版画《巴黎的真实叫喊声》（*Véritables cris de Paris*）中，在卖洋蓟、瓦罐或者新鲜鲱鱼的女商贩们身上，都无一例外地强调了提高的胯部：只有"衣料的质量"能将她们的穿着与"城里人的衣服"区别开。

18世纪80年代最常见的"波兰式连衣裙"本身便彰显了这样的局限，但同时也保留了一个显著的变化："篮子"变小了，裙摆提高了，脚和脚踝露了出来，可以用一条特殊的细绳巧妙地放下或收起裙摆。便利性变得更为重要，行走变得更为方便。《服装文物》巧妙地强调了这一点："是时候让女人想起腿本来的用处了。她们终于开始确定，她们也有权利用自己的腿，在散步中进行舒适而有益的锻炼。"然而，启蒙运动部分改变了衣裙的"精神"，却没有改变它们的廓形。而即便有手杖，或者足部得到了露骨地强调，那些散步的女子衣着轮廓却依然如昔：上半身由模糊不清的下半身承托着。圣－奥班创作于1761年的版画《巴黎城墙下的散步》（*La Promenade des Remparts de Paris*）中，女士们的束胸衣上明显地系着带子，裙

克洛德-路易·德雷（Claude-Louis Desrais），《头戴英国帽（也称突厥帽）的年轻女士》（*Jeune dame coiffée d'un chapeau anglais dit chapeau à la turque*），《法国时尚与服装画廊》（*Galerie des modes et costumes français*），1778—1787年，巴黎，加列拉博物馆

18世纪后半叶，大家开始通过散步来保持健康，并成为一种习惯。于是裙子的下摆稍微向上提了一些，以方便行动［这种叫作"特隆金式"（*à la tronchine*）的设计，以伏尔泰出身日内瓦的医生的名字命名］。而相反，上身的锥形和下裙的宽幅则几乎没有变化。

子底下用了"篮子"，下裙摆刚能露出足部，令其一览无余。这些衣裙保持了"惯用"的轮廓，将女士们的出行和散步都变成了一场刻意而为的展演。底座和静态的意象仍在继续。也许，与女性地位一致的文化现状可以解释这种现象："鲜有女性能做自己的主人"，原则仍然是依附关系和女性美的专有权。命运强加在她们身上的只能是装饰性，而非自由解放。虽然百科全书派宣称男女平等，可实际生活中男女之间的差别却深若鸿沟。男人还是主外的那一方，女人则是"贱内"，是扮演仆从、装饰品的一方：她们没资格去处理事物、抛头露面，只能"陪伴"在旁。女人不可以参加公共生活，或者仅着力于"显示出"在参与。其姿态、衣裳，不可避免地成了这一切的证据。

奥古斯丁·德圣-奥班（Augustin de Saint-Aubin），《巴黎城墙下的散步》，1761 年，
巴黎，法国国家图书馆

《变句（交叉领裙）》[*La phrase changée（Robe croisée）*]，《丑角》(*L'Arlequin*)，
1789—1799年，《时尚》第3期，第110页，私人收藏

一场关于裙子的"革命"随法国大革命一起发生了。流畅性不仅体现在衣服材质
上，还体现在廓形上。衣料表面浮现出身体的线条。从前，"上层"一直遮盖着身
体，而现在身体则战胜了"上层"。自由应该也属于行动，因为据说这是符合女性
新视角的。

从革命到裙装的革命?

然而到了18世纪90年代，却出现了一股十分明确的趋势，即衣着线条产生了翻天覆地的变化。大革命或已"解放"了女性的服装。那些传统特色都已消逝，人工装置退位让贤。新的人体形态浮现了出来："数个世纪以来，这是女性第一次放弃了篮子、提花织物的束胸和各种小装饰。她们穿衣时不再使用装置，不再改变身体的自然形态。"18世纪90年代末期的期刊《丑角》肯定地指出了这一点："时尚需要那些能突出身体的面料。"《女士时尚杂志》(*Journal des dames et des modes*)也同样提到了这一点，将身体的流畅感与工具的硬挺感进行了对比："由她们设计的实用服饰理应受到善意的欢迎。那么，口袋和兜，你们都消失吧，因为你们充满棱角的形状并不赏心悦目，你们的名字也不悦耳。"当时的插图反映的遍是"垂下"的裙子，这类款式完全不再有硬挺的上衣、腰带、宽幅裙身；而衣料的边缘会勾勒出腿、胯和身躯的动态。在皮埃尔·德拉梅桑热尔(Pierre de La Mésangère)所编纂的《巴黎日下的时尚与生活方式》(*Modes et manières du jour à Paris*)中，那些"便服"和"城里女子的装束"让人不禁遐想，各种身体轮廓浮现、曲线微妙变化、步伐摇曳生姿到底是何等景象。裙子终于是"穿上"的，身体结构终于出现了。1799年8月12日[1]的《丑角》中所绘的年轻女子展示了胸前的曲线、大腿的弧度和膝盖的拐点，而面料本身则强调了活动性：一种"印度平纹织布，很柔软而且特别透明。它如同一团轻雾，令使用粉色塔夫绸的衬裙颜色不再那么突兀"。身体

---

[1] 原文为"1799年热月25日"。法国大革命期间采用了"法国共和历"，用以排除天主教在人民生活中的影响。"热月"代表其中的第11个月，从现公历的7月19或20日开始，8月17日或18日结束。1799年的热月25日应为现公历的8月12日。

"缎质英式女帽，刺绣式袖子"，《女士时尚杂志》，1801年7月24日，巴黎，法国国家图书馆

长裙裾仍然存在，也表明了变化之有限。反过来，身体的形态则前所未有地引人遐思。

的线条便是创新的焦点，它不断被人提及，反复得到强调；而从前它曾是遭谴责的对象。

确实，自从我们的女士放弃了过时的裙撑和束胸，尤其是自从三角披肩已无法遮住美好流畅的形象，她们的魅力便得以逐步发展，态度也更为明确。我也很确定，衣裙的新式剪裁与从前的廓形并无太多相似的特点。短款的衣裙在胸部以下收紧，应该为身体的这部分造成美好的托高效果。

裙子的文化史

《时装画廊》杂志，1800年2月，fig. 248，巴黎，法国国家图书馆

可以说，18世纪末的英国裙装完全无视了法国裙装所采用的廓形。

　　腰带也"搬家"了，它变成了一条细细的束带，来到了胸部下方。这就为身体各部位增加了自由性，也令全身更为修长；因为其线条从肩部下垂延伸，将全身的轮廓变为一个整体，这一"长筒是通过很高的腰线实现的"。普鲁士国王弗里德里希二世（Friedrich Ⅱ）于1793年评论了巴黎时装："这种衣服从上到下，就像一个袋子，根本没有腰线……对那些丑陋的人、身体残疾者或者老年人来说实属灾难；而对年轻人来说，又极为不雅。"他在明白地表示了其谴责态度的同时，也从旁证明了他们的创新。这里说的，便是弗朗索瓦·布歇（François Bucher）口中的"衬衣裙"。来自"艺术共和协会"（Société républicaine des arts）的一批艺术家还公开宣称，要"通过更新衣着，来实现普遍更新"。波德莱尔（Baudelaire）在观察"大革命"的版画时，也提到了其中非常独特的地方："观者的想象力现在还可以使那些紧身衣和那些披巾动起来和抖起来。"

还有一个十分显著的特点，就是这种新线条在英国文化中不存在，或极其少见，而英国文化却在18世纪七八十年代具有决定性的影响。在1799年到1800年之间，来自伦敦的杂志《时装画廊》（Gallery of fashion）所描绘的仍然是如气球般膨起或者裙幅很宽的连衣裙。我们可以在1800年2月的这一期中看到关于这样一身衣裙的精心描绘：用白色绉纱制成的巨大裙身，大到可以把胳膊搁在上面；材质轻盈但使用了鲸须，用银线编织并点缀了花朵图案；裙摆拖地，并镶以金色宽卷边。上半身也延续了传统，挺立在如是的底座上，肩部环裹着淡紫色的紧身背心夹克。这一身，是对"底座"形象做出的前所未有的强烈回响。当然，英国时尚是在本世纪初吸收了轻薄的材质，但并没有采用颠覆性的廓形。而同一时期，当拿破仑在维也纳强加和平之后，德国时装的某些款式甚至都开始接近巴黎期刊的时尚品位了。

成为参考的法国时装形象之所以新颖，准确来说，是因为它形成了一些兼具动感和直线条的特殊装束：首先这与古代的长衫很是接近，是对人类最早民主生活的映射，而这一"古代共和"之梦，便与"当代的人文主义文化"产生了链接。时代的亲历者这样说："我看到了好品位，也就是古代的品位统治了女人的衣橱。"演员及作家路易丝·菲西（Louise Fusil）提到自己在18世纪90年代的着装，也佐证了这一现象："带有阿拉伯风格花纹的简单长袍，使用了有色羊毛作为材料，用一条同材质的细绳束起"；腰带也是柔软的，发型则是"希腊式的"。雅克-路易·达维德（Jacques-Louis David）作品中的"雷卡米耶夫人"（Madame Récamier）穿着白色的长纱裙，其包裹身体的方式呈现出优美和谐的曲线，对这种廓形的展现无人能及。由几个城市组织的节庆活动对此进行了进一步的证实：1791年7月的图尔市（Tours），600名参加了战神广场游行活动的女性，穿着"白色短上衣和两边开衩的同质地的裙子组成的制服"，没有腰带，但"在绶带上佩戴了三色蝴蝶结"。而这里的廓形也覆盖了不同的社会阶层，即便只是隆重场合炫耀性的着装。

> 每一个小情妇，或是活泼的青年女工，都会在周日穿上细麻布材质的雅典式裙子，会在笔直的手臂上挽上悬垂的披帛，以装扮出古代风格，或者至少要像拥有美臀的维纳斯。

"提图斯式的短发，装饰有雪尼尔绒绳的短款长袍"，《女士时尚杂志》，1798年
9月16日，巴黎，加列拉博物馆

这种长袍是为了让人联想起古代共和国的女性衣着的款式，其特点是具有柔软
的腰带、垂坠的材质和拉长的身体线条。

雅克-路易·达维德,《雷卡
米耶夫人》,1800年,巴黎,
卢浮宫博物馆

不考虑长度的话,雷卡米耶
夫人的衣着代表了全新的廓
形:在衣服的褶皱之下,身
体自然形态的存在清晰可辨。

佚名，《华尔兹》，19世纪，巴黎，卡纳瓦莱博物馆（Musée Carnavalet）

新出现的华尔兹舞令舞者身体贴近、姿态活跃。身体各部分的轮廓随着衣着飘逸的材质清晰浮现。

　　再宽泛一些来讲，对身材的强调也说明了对乐趣甚至是欲望的关注。此时，行动更为自在，薄纱令人浮想联翩，肌肤部分裸露，正如贝亚特丽斯·丰塔内尔（Béatrice Fontanel）的佐证："乳房从革命中获得了自由。""发现"的过程是从戴上面纱到揭去面纱，从静止不动到自由行动。《女士时尚杂志》最为犀利，提出了"极点转换"的观点："从前的做法是忽视身体而装饰头部，如今的时尚则相反，是忽视头部而装饰身体。"1798年10月，两名女性勇敢地穿着薄纱紧身裙在香榭丽舍大街上散步。这一极致却后无来者的挑战，或可以为上述逻辑做一个结尾。

　　还有18世纪末发明的新娱乐活动——华尔兹舞，让两个舞者互相贴近，制造头晕目眩的感觉，令动作充满挑逗意味，也赋予了步伐以自由；并因将更柔软的衣物与全新的编舞结合在一起而开了先河。《女士时尚杂志》则不厌其烦地对该舞种

　　　　　　　　　　　　裙子的文化史

进行了热情洋溢的描写：

> 华尔兹开始了……他们互相搂抱着，旋转着，舞步轻快，衣衫令曲
> 线毕露。这比笛卡儿的旋涡更让人难以抗拒。那摄人的热力，无形的吸
> 引，似乎将相拥的舞伴合成了一体；愉悦的气息在激荡，快感的双翼将
> 人轻抚……胸脯膨胀着，颤动着，眼神迷离、言语乏力、身体颤抖、脚
> 步踉跄；不知是疲倦还是欲望，令结局提前到来。

佚名的版画作品《华尔兹》（*La Valse*）将如是场景中的符号化元素展露无遗，比如激烈的动作、交缠的腿、舒展的披帛。而德拉梅桑热尔于1801年创作的版画中，裙摆飞扬、足尖交错，也同样令人心神激荡。此中不乏张力，甚至心醉神迷之感；而同样，在谈到服装时，话语中也隐含了比以前更多的情绪，暗示享乐主义得到更多接纳，人们可以更自由地将服装和自我表达结合在一起。"这种新时尚中的一切都能引起快感。"这种"超敏感性"，既是个人的也是集体的；它与时代的狂热相结合，融入全新的姿态与着装形式中。

想象力的变化也根植于新的公民身份。此时宣告的权力，很符合当下对行动甚至身体所进行的解放新潮流，具有象征意义："每个人都是他本人的唯一主人，这一所有权不可让渡。"1792的离婚法也贯彻了平等的逻辑。只有每个个体能对他自己负责，婚姻也不可将其束缚。从此以后，迎来了对女性身份的颠覆：不再依附，而是自主；不再被动，而是主动。"一切都自由了。"1791年，奥兰普·德古热[1]（Olympe de Gouges）在女性权利的宣言中提到，女性"同样应有权获得爵位、公职，去任何地方；应该根据能力，而非以道德和才干之外的东西判断她"。她以此间接地表达了，女性身体的形象抛弃了从前与雕塑和静态的关联。其隐含的结果是，如果专业工作现在已经是两性都可以从事的，那么束缚性的工具便成了女性去接触这些工作的障碍；身体的能动性必不可少，衣服的线条必须服务于效率。既然

---

〔1〕奥兰普·德古热（1748—1793）：法国女权主义者、剧作家、政治活动家。法国女权运动的先锋之一。

女性得参与"所有辛苦的劳动、所有繁重的任务，那么她在岗位、工作、责任、尊严和技艺的分配上就应该拥有相同的份额"。而这是传统衣着一直以来都不允许的。大革命初期的泰鲁瓦涅·德梅里古（Théroigne de Méricourt）将为女性争取这样的身份作为自己的目标之一，为此她"打扮成女战士，在腰带上别着手枪，在杜伊勒里和巴黎皇家宫殿中"散步。而即将到来的职业新方向也塑造了新的女性线条。

然而众所周知，两年后，也就是1793年11月，国民公会对这种自由表达了反对态度。平等不得与政治、责任和从事专业工作相关："女人有在智识和身体上行使……这些权利所必需的能力吗？民意普遍排斥这一看法。"议会则直截了当："汹涌之流就此中断。"启蒙时代那种平等与明显的不和谐同时存在的旧思想占了上风："命运"之见将女性与男性截然分开。先辈设定的不同分工被重新确立起来，一边是生育和家务，另一边则是事业和职业："男人和女人天生就扮演着不同的角色，不能在社会秩序中扮演同一种角色。"于是，女性便不再被允许进行各种活动或者苦工。这也就剥夺了衣装变形、变轻和具备功能性的"经济"合理性。

此时一场震动发生了，行动和思考的阵地已然打开。英国作家和哲学家玛丽·沃斯通克拉夫特[1]（Mary Wollstonecraft）对性别的不公进行了追问："是谁让男性独自决定是否让女性与其分享天赋和理性？"这个问题从此不绝于耳。

此后，身体轮廓线的胜利、举止和行动的自由还维持了一段时间。柔软的材质，诸如"轻盈的织物，印花的棉布，印度平纹织物，薄纱和白色麻布，装饰以白色刺绣和自然的花朵"也保留了下来。自18世纪90年代一直延续到19世纪初：

> 多亏时尚，
> 我们不再有束胸衣，
> 啊这多么舒畅，
> 我们不再有束胸衣。

---

[1] 玛丽·沃斯通克拉夫特（1759—1797）：英国启蒙时代著名的哲学家、作家、女性主义者，西方女性主义思想史上的先驱。著有《对女性教育的思考》《人权辩护》《女权辩护》《瑞典、挪威、丹麦短居书简》《玛丽亚：女性的冤屈》《玛丽，一部小说》等作品。

多亏时尚，

我们无须遮蔽，

啊这多么舒畅，

我们无须遮蔽。

    1802年的版画作品《在隆尚散步》(*Promenade de longchamps*)中，妇女们仍然穿着一些显露身段的轻薄衣料。"篮子"或"束胸衣"等词已经从1805年的《通用商务词典》(*Dictionnaire universel du commerce*)中消失了。而1802年在杜伊勒里花园的一些女过客则远远抛却了陈旧的束缚；据描述，她们穿着"贴身的长衬裤"，装饰以及膝的衬裙。这个套在外面的短衬裙只是一个保障，是为了不让"下流的观点玷污穿男装的女性"。在《女士时尚杂志》看来，这样着装的好处是"赋予女性足够的自由，又能符合礼仪"，还能使用那些优雅又容易买到的普通材质，如缎子、克什米尔短绒、塔夫绸等；更重要的是，能突出"好看的腰肢"。衬裤则首次登上了时尚杂志的展示台，它在消失之前，将女性对舒适和无拘无束的要求具象化。具象化此要求的，还有"便服""紧身便服""轻便连衣裙""直身裙"，它们在对法兰西第一帝国的描述中现身颇多。不过别忘了男女两性之间还存在的剑拔弩张和传统的领地划分。在1800年11月7日宣布的法律中，衬裤甚至成了司法禁止的对象之一；根据该法令，"所有想要如男人般穿着的女人都必须亲自到警察局获得批准"。

    也是从这些年开始，更强烈的迟疑态度开始清晰可辨。衣服材质会因太轻薄而遭到质疑。首先是起不到衣服所应提供的保护作用：面对季节变化、空气流动、潮湿寒冷，这类面料遮蔽作用太过薄弱；即便是"贴近自然的努力"值得嘉许，这样穿的结果就不那么值得嘉许了，毕竟"有些时尚的女性因为顺应了这种潮流而成为牺牲品，损害了自己的健康"。此外因为衣服太过"贴身"，身体裸露过多，所以还有被视为"淫荡无耻"的危险。波拿巴就完全认同这一观点，因此禁止其母亲、姐妹穿着任何太过轻薄的面料；对他来说，这类面料根本不应存在，更不必说它们还源自英国。还有《女士时尚杂志》的若干撰稿人也发文强烈谴责了过于紧身的衣装："羞耻心从不会要求女人把自己装到一个套子里；这般尝试，只会助长

（作者被认定为）路易－利奥波德·布瓦伊，《1791年，巴黎的俊雅男士和时尚女郎》（*Incroyable et Merveilleuse à Paris*），法国，私人收藏

18世纪末期的新款裙装不仅翻新廓形，力图展现身体曲线，还允许材质具有一定的透明度，这也显示出人们羞耻感的变化。

丑陋和畸形。"不知不觉之中，连衣裙又找回了曾经的宽幅裙身，镶褶和卷边更加宽了裙摆底边，束胸与其系带重逢，腰带再次紧紧束起。从19世纪第二个十年开始，"缝衣妇们让被弃用的镶边起死回生……她们有时会把一种立体的荷叶边缝在每一条镶边上，有时则用一排月牙形或狼牙形花边"。年复一年，下半身的幅度越来越宽，而上面所容纳的重重叠叠的花边也越来越多。而做束胸的手艺人也"回归"了：1808年，奥古斯丁·布勒泰尔（Augustin Bretel l'aîné）为"一款放弃鲸须、仅靠'比斯克'就能保持硬挺的'尼农式'（à la Ninon）设计"申请了一项发明专利。这跟之前的款式当然是有某些区别的，但曾经的廓形却顽抗成功，以至于部分得到了复辟。

皮埃尔·德拉梅桑热尔，《羽毛球》（Le volant），出自《对巴黎时尚与习俗的观察》（Observations sur les modes et les usages de Paris），出版于"优雅风度"主题之下，1800年，pl.11，巴黎，法国国家图书馆

打羽毛球的场景中女性穿着的衣料轻盈，身躯隐现。即便有裙褶存在，整个画面仍然表现出女性活动的意愿。

第 4 章

装置的对抗

让-雅克·格朗维尔（Jean-Jacques Grandville），《生机勃勃的花朵》，1846年，t.I，
第82页，巴黎，私人收藏

"花朵"，仍然是符号，仅仅将女人与美靠近，更多指向装饰，而非活动性。

Grandville del.

Ch. Geoffroy sc.

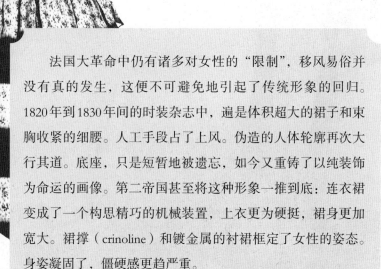

　　法国大革命中仍有诸多对女性的"限制"，移风易俗并没有真的发生，这便不可避免地引起了传统形象的回归。1820年到1830年间的时装杂志中，遍是体积超大的裙子和束胸收紧的细腰。人工手段占了上风。伪造的人体轮廓再次大行其道。底座，只是短暂地被遗忘，如今又重铸了以纯装饰为命运的画像。第二帝国甚至将这种形象一推到底：连衣裙变成了一个构思精巧的机械装置，上衣更为硬挺，裙身更加宽大。裙撑（crinoline）和镀金属的衬裙框定了女性的姿态。身姿凝固了，僵硬感更趋严重。

　　然而，这样的层叠包裹成了起点，在1880年到1890年间，对新的软化方式的思考由此引发。在本世纪最后的几十年里，女性的身形倾向于变瘦，线条更加纤细，裙子也变得紧身。一个又一个阶段，渐进、缓行，也带着迟疑。每个阶段都伴随着女性地位的缓慢变化，无论这种变化是好是坏；而且每个阶段都展现出一种无意而为的生活方式，甚至是一种颠覆，对将女性作为纯粹装饰的旧观念进行了嘲讽。"活力"便是这样一种生活方式，是女性的一场决定性的革命。

皮埃尔·德拉梅桑热尔,《相互仿效》(*L'emprunt mutuel*),出自《对巴黎时尚与习俗的观察》,出版于"优雅风度"主题之下,1800年,pl.112,巴黎,法国国家图书馆

政治上的复辟也是一场衣橱的"复辟"。女性的地位无法摆脱法国大革命的影响。连衣裙找回了硬挺的线条、相对撑开的裙摆和加强了这种幅宽的花边。而这样的配置也扩散开来。

裙子的文化史

"依附关系"复辟，旧日廓形复兴（1815—1848）

装置在19世纪初获得了胜利。"复辟"这个词已经足够说明了旧时廓形的强势回归。而诸多时装杂志在一个世纪里不断积累着读者，也在此时以助推之力成就了一场盛事：

> 为了制作舞会礼服，女裁缝们模仿了大约路易十四统治中期流行的上衣，但使用了现代的方式，也就是用布料的绉泡或者花朵来装饰连衣裙的下摆。在束胸处用相同的方式做腰带也很常见，而且腰带的后端很宽且长，垂在身后。

在这样非常具体的场合，如宴会或庆祝活动中，外形的塑造仍然仅限于炫耀，但很久以来都较高的腰线上如今束起了腰带，长久以来呈锥形的裙身如今在髋部形成了圆形，这种趋势正在扩散、变得普遍。新的"大革命"，新的"轮廓的彻底变化"吸引了更多的观察者。自19世纪20年代开始，《时尚年鉴》（*L'Almanach des modes*）、《年轻人杂志》（*Journal des jeunes personnes*）、《时尚：时装杂志、风俗画廊、沙龙画册》（*La Mode: revue des modes, galerie de mœurs, album des salons*）等期刊中，出现了更多加宽的款式，式样无限重复：它们上下半身皆宽，中间通过一条束紧的腰带分开。束胸本身也发生了演变，现在它包裹住了腰部，以便更好地凸显身体线条。垫子经过改造也再次出现，用以撑起裙身。在外交官鲁道夫·阿波尼

6 FEMME DE JOIE ET SA SUIVANTE.

保罗·拉克鲁瓦,《烟花女及其随从》(*Femme de joie et sa suivante*),出自《法国的历史服装》(*Costumes historiques de la France*),1852年,t.Ⅷ,第165页,巴黎,私人收藏

老百姓的衣着轮廓均效仿精英阶层,不过随从看似朴素的衣服,与"烟花女"明显更华丽的衣着还是存在差别。无论如何,差别主要体现在面料的昂贵程度和装饰的丰富程度上,而裙身的"鼓起"样式则如出一辙。

（Rudolf Apponyi）关于巴黎生活的日记[1]中,有这样一段近乎粗鄙的描写:

> 前不久,德克里永夫人(Mme de Crillon)和德吉拉尔丹夫人(Mme de Girardin)就有些夫人用来垫圆自己腰部的垫子打了个赌。德克里永夫人赢了,因为她当着德吉拉尔丹夫人和其他几位夫人的面,把一根6法寸长[2]的别针插进了她们的朋友德波德马斯夫人(Mme de Podemas)

---

〔1〕阿波尼为当时奥匈帝国驻巴黎的大使,他将在巴黎的日记汇编,出版了《1826—1850,在巴黎25年》一书。

〔2〕法寸,法国古长度单位,1法寸约合27.07毫米。6法寸,约合16.24厘米。

保罗·拉克鲁瓦，《敞开式领口和装饰了三层牙状花边的白色裙子》（*Col évasé et robe blanche garnie de trois volants à dents*），出自《法国的历史服装》，1852年，t. Ⅷ，第165页，巴黎，私人收藏

自19世纪20年代起，连衣裙的廓形又重拾其旧日配置。花边的数量更多，呈层叠状，体积也更大；束胸重新束紧了胸部。在接下来的几十年里，下半身甚至越来越宽。底座的形状重新得到了它传统的合法地位。

的左胯。这件事发生在我参加的一场舞会上。

下半身体积重新扩张，人们甚至将其量化，以更好地保证其蓬起程度："女人的腰部应该有三又四分之一法尺[1]。"叠加也很常见："用上5、7、10条一法寸半高的褶边，32行褶皱，9行缎扣；所有这些装饰都直铺到膝盖的高度。"而隔开的上身也以三角形为特征，以飘动的缎带、绉纱、镶边、卷边、"灯笼袖"等构成，或戴着贝雷帽，或戴着"象耳帽"——所有努力都为了扩大面积，用鲸须武装自己以

---

〔1〕 1法尺约合32.48厘米。

避免空隙，装饰大幅越过肩膀以使线条往斜上方延伸。其结果就是重新实现了几何化：腰带束紧了，"锁骨线"在水平方向上延伸。1827年4月27日出刊的《女士邮报》（*Petit courrier des dames*）上的"隆尚装"（tenue de Longchamp）正是如此。1826年由保罗·拉克鲁瓦展示的一身装扮带有"打开的领口"，"白色裙子下方装饰了三层齿状花边"，也是这样的款式；甚至同一本汇编集于1820年出版的一期中，有一幅插图里农妇的着装也是如此："配围裙的裙子"鼓胀起来，上衣胸前的三角巾呈倾斜的线条。

此时还出现了一种新的工具"乔凯"（jockei），用来增加上半身的"三角化"；它"类似圆形的垫肩，裹住袖子的上端"，同时将肩部以前所未有的程度向外"拉出"。

而胯部的向外扩展尤其突出：人们不再用布料配合垫子做出圆润的形状，而是通过对布料本身进行做皱、增厚、打上无数的褶等方式来令曲线更好地向外延展，令其鼓起得更加明显。《女士邮报》在1827年第一次提到这种现象，也第一次对此表达了忧虑，担心可能造成"粗短"的印象：

> 最近在几场晚会之中出现了三层褶的蝉翼纱裙。其唯一的创新之处是在腰部周围堆褶。裙子的这种新款设计是否会得到广泛应用还不得而知，不过它的确可以令腰部更显优雅，虽然对胯部不够友好。目前只有高挑、苗条的女士敢于尝试这种新发明。

然而这种做法还是成功地拥有了一席之地，1838年的《时尚》杂志甚至提到：当听说"米内特家和帕尔米尔家就为了做一条日间礼服（robe de matin）要19法尺塔夫绸"，令"一位丈夫惊骇地倒退了几步"。于是，女性的形象又找回了旧日的线条：总体失真的几何形，以纤细的腰部，即精致和轻盈感的象征为核心。而杂志则将这一形象推而广之。这些"回忆再现"在呆板庄严的装饰和形式美上大做文章，同时也证明了女性的某种永恒特质，是"17和18世纪最受欢迎的方案"。1836年的《女士时尚杂志》对两件优雅的裙装进行了描述，将这种廓形的重点转移到了

《此蝴蝶乃是一位"女士"》(*The Butterfly was a "Lady"*),《笨拙》或《伦敦逗闹》(*The London Charivari*),1844年,vol. VII,第36页

19世纪中期,连衣裙对形式的展示,前所未有地超过了对身体的展示功能。大张旗鼓的装饰抹杀了衣服所有的功能性。衣裙设计对蝴蝶元素使用之多,甚至使之成为一种符号。

THE BUTTERFLY WAS A 'LADY.'

" At times methinks my soul hath wings,
At times it loves to crawl."
Old Ballad.

面料的丰富和厚度上:"天蓝色棱纹塔夫绸(pou de soie)长裙……装饰有六团绉泡的袖子,材质是蓝色棱纹塔夫绸和白色绉纱……裙身使用了白色绉纱,半平短袖镶有天鹅绒条纹。"整身装束被描述得如此流于表面,似乎都"失去了物质形体"。文森特·胡萨尔斯基(Vincent Husarski)甚至从中生发出一种幻梦,一种完全脱离具体的现实、如空气般轻盈的幻梦:"蝴蝶破茧而出。腰部收紧,纤腰宽度不过一握;细麻布的裙子展开风铃草般的形状,长度直到踝骨;肩上的一对翅膀代替了袖子。"

蝴蝶这一主题被反复提及、强调、加工，便具有了符号性。一本时装杂志甚至以此为名称，将鳞翅目昆虫作为代言的形象。伦敦的周刊《笨拙》(*Punch*)也将"魔力"和"魅惑"相结合，把这种形象融进了刊登的文章。历史学家布绍(Bouchot)以此来丰富自己的比喻，写出诸如"一双翅膀""钟形花般的裙子"等文字。民歌作者贝朗瑞(Béranger)以此来为他的歌曲增色，用到比如"女气精"(sylphide)或是"空气中的人"等说法。从此，连衣裙对形式感的表现达到了空前的程度，远甚于其辅助身体的功能：装饰性抹杀了其所有的实用性。

对女性来说，19世纪20年代的这些改变是与另一个变化相呼应的，这一点应该是毫无意外的。这个变化就是回归传统。女性身上的装置是与当时的社会背景结合在一起的。革命性的公民权所赋予的"好处"消失了。于是在此后很久的时间里，不管在民事方面还是社会关系方面，女人都无法自主。女性的存在就是具有依赖性的，其身份就定位在审美上。国民议会的一次次决议更是相继夯实了这一点：女性接触专业工作受到了前所未有的限制；而"一家之主"的地位实际上维持了一种不平等，因为这就预设了"丈夫具有供养和保护家庭的责任，并且妻子必须服从"，男性在自己的家庭里要担任"类似警察和内部执法人员"的角色；离婚法在1816年5月8日被取缔。并不是女性没有反对。这个时代甚至第一次出现了来自女性的非常明确的反对。玛丽·沃斯通克拉夫特便对这个"让男人成为整个人类唯一代表"的法律提出了质疑。然而无论女性做过什么样的努力，事实没有任何变化。

"宽大衣物"及其上下双向的宽大结构，都是为视觉，甚至是为戏剧化效果所设计的，跟实用没有任何关系。这也是与社会背景，以及当时对女性的想象相符合的。1829年的《时尚》杂志认为，这类衣服优于"更紧身的服装，因为后者尤其靠与之前的绝然不同而得用，并不是靠廓形"。插画家格朗维尔于1846年创作的《生机勃勃的花朵》(*Les Fleurs animées*)中有所谓的"玫瑰女郎"，堪称蝴蝶的植物版本；作为这种廓形的象征，她端坐在色彩缤纷的花园正中的王座上，赞颂着那花朵般的轮廓，花边的线条，花瓣做的缎带，并各种褶皱："我发觉，我作为女人的存在，始终是依存于我作为花朵的身份。"同一时期，英国的《笨拙》也在花朵的形

让-奥古斯特-多米尼克·安格尔（Jean-Auguste-Dominique Ingres），《贝蒂·德罗特席尔德男爵夫人》（ *Portrait de la baronne Betty de Rothschild* ），1848年，私人收藏

19世纪中期，资产阶级裙装所拥有的巨幅"下半身"成为炫耀、卖弄的场地，蓄意选择了静态而非活动性。

阿西尔·德韦里亚（Achille Devéria），《束胸》（*Le Corset*），约1835年，巴黎，
私人收藏

束胸，及其扩大以连接下身"蓬起"的燕尾，重新获得了其在裙装固有的地位。创
新只在于，因为产生了可以自行系带的可能性，穿着更为方便了。

象上继续做文章，通过鼓起的裙身、层叠的花边描绘出变身花朵的女性轮廓，使之变成"花朵王国"（flowery country）中地位尊贵的达官贵人。最后，通过安格尔（Ingres）于1848年所绘的德罗特席尔德男爵夫人身上闪着波光的丝绸、花边和装饰了花蕾、花朵图案的卷边，这一形象被推向极致。

如是流于形式的女性形象具有鲜明的特征，同时也与男性方便行动的装扮有着天渊之别。男人衣着"实用"的一面在1830年到1840年间逐渐明显。其整体配合更重视活动性，设计目标就是功能性。裤子合身，胸部宽松，线条简单。资产阶级世界追求着充满行动力的感觉：腹部缩进，肩膀向前，身体各部分都很自由。彩色的背心令胸部更突出，特意束上的腰带让腹部更显平坦。巴尔扎克和欧仁·苏（Eugène Sue）作品中的年轻男主角都清晰地展现出积极主动或活跃的一面。小说《金目女孩》（*La Fille aux yeux d'or*）中，"巴黎最好看的男孩"马尔赛（Marsay）结合了"猴子的敏捷和狮子的勇气"；《巴黎的秘密》（*Mystères de Paris*）中的"复仇者"鲁道夫（Rodolphe）展现了"不可思议的力量"，拥有"钢铁般的意志"。单从布尔代（Boudet）于1838年的作品《散步》（*Promenade*）中就可以看出男女截然相反的状态：男人的双腿灵活，女人则缩成一团。而舞蹈中的姿态也颠覆了19世纪初的形象：1845年，由法国人塞拉里于斯（Henri Cellarius）设计的玛祖卡舞中，男人脚步轻捷，其舞伴的裙身却岿然不动；而伦敦的《笨拙》也在1845年展示了"舞蹈的茶"（le thé dansant），让静止的年轻女孩跟线条流畅、小步蹦跳的男人形成了鲜明对比。

有一些细微的变化。首先，束胸变得更为柔软，这方面甚至产生了诸多专利产品：1828年到1848年间，有64种款式申请了专利；而1828年之前仅有两项。"舒适性"开始成为首要要求以来，有数以千计的装置为此而产生。对款式的描述中更重视"样式"的细节：比如有的线条更为流畅，"没有口袋"，或者"无缝"，或者"无孔"；有的更"易于操作"，使用了"无尾"的系带或者"懒人"装置，以方便女士"在个别独自一人的时候"能系上和解开带子。而做工因此变得重要起来，"良好的外观"意味着需要"熟练的女手艺人"。在"外省生活的场景中"，女主角比哀兰特（Pierrette）被托付给了普罗万（Provins）"最好的女手艺人"[1]；《高雅风度》（*Bon Ton*）杂志1837年的某一期中，编辑要求那些缝制束胸的女缝纫工具有"卫生、机械甚至几何方面"的知识。如是所成就的结果，是鲸须塑造的"蛇形线条"暗含着"可媲美年轻杨柳在风中摇摆时的优雅身姿"，甚至可以唤起饱含"诗意"的欣赏之情。巴尔扎克通过描述束胸而臆想和赞美的正是那空气般的轻盈姿态："弓形的腰线，似为速度而生的巡洋舰划出的轨迹。"而缪塞（Musset）那写意朦胧的诗篇中所针对的则是束胸衣的弹性：

> 如果我那精致的束胸衣
>
> 如此柔软又紧贴身上
>
> 让一条太过有力的臂膀
>
> 紧紧拥起
>
> 那我得承认，我可能
>
> 会极惊惧不安
>
> 怕花边的某一端
>
> 会被不小心撕破。

当然，现实是通过经纬线的交织、加固，将那模具转化为一件短款甲胄。这可远不像诗文那样浪漫。

随后，裙子的移动便利性无意之中成为被关注的对象。在19世纪30年代之后，虽然裙子的廓形并未发生变化，但这种现象却让语言变得贫乏起来。有时，衣裙的"震颤"或者说"抖动"也会被看在眼里：裙子应该"左右摆动，在风中取得平衡"。这其中隐藏的"动力"显现出来，让巴黎裙装那"摆动的曲线"跟外省裙装那"松软无力"的迟钝感形成鲜明对比。而这里无所谓裙子的蓬起程度，仅靠面料的生命就可以缔造出蓬起拟展现的魅力。巴尔扎克自称为其所动，认为身体这种

---

〔1〕巴尔扎克的小说《比哀兰特》中的情节。

保罗·加瓦尔尼，《我希望你能坚持……》（*J'espère que tu vas te tenir...*），《装卸工》，pl.8，出自《精选作品集》（*Œuvres choisies*），1848年，巴黎，私人收藏

裤装，是女性反抗与男女平等的象征，虽然罕见，却完全是有意为之。19世纪中期，保罗·加瓦尔尼将其作为对象，创作了一系列插画（《装卸工》）。皮埃尔-朱尔·施塔尔（Pierre-Jules Stahl）在为插图配文解释时，态度则摇摆于"极端困惑"和"理解"之间。施塔尔自问：19世纪40年代的这种不满，不是源于对女性从不能要求的自由的否认吗？"除了洗礼以外，她们从未拥有任何属于自己的东西。"

"甜蜜或危险的廓形"是欲盖弥彰。保罗·加瓦尔尼（Paul Gavarni）则在1848年创作出了最让人心领神会的画面：一个女子前行的背影将裙身摆向了与自己擦肩而过的男子。图释应该是解读了这一场景："我跟你说，你们阿加特（Agathe）想勾引我的小坏蛋邦雅曼（Benjamin）！"

这当然是一个慢慢发展的过程：轮廓的存在先是令人遐思，之后才更为确定。这踌躇不定、遮遮掩掩、饱受限制的动作，便是女性那争取微小自由的努力：她们也会激动、拥有渴望，而她们的身形却正好与此背道而驰。

自19世纪30年代开始，还出现了一个颠覆性现象，虽然规模较小，但也造成了一定反响；而这一现象绝对是来自女性的原创。有些女性提出，也应该有其他的穿着方式。也就是说，公认应该穿着裙子的人，对裙子及其线条提出了质疑。加瓦尔尼在作品《装卸工》（*Les débardeurs*）中，用柔软的罩衫和宽大的长裤将女性躯

保罗·加瓦尔尼,《乔治·桑穿着学生制服,与爱人朱尔·桑多在一起》(*George Sand en costume d'étudiant et son amant Jules Sandeau*),约1831年,巴黎

19世纪30年代,乔治·桑成了这种饱受抨击的形象的代言人:她穿着裤装,亦即追求男女平等意愿的标志,虽然此时性别平等的观念仍然遭到排斥。此外,她的着装非常特殊,因为她悬垂在裤子上面的很短的外套(justaucorps,这种男性穿着的外套长度一般到膝盖),隐晦地让人想起女性的连衣裙。

体烘托得更为生动,同时也明确表达了她们的谴责:"偏执是虚无之女。"此时,男女平等的意识正在觉醒,但社会风俗还远不能接受这一思想;而一直被巴尔贝·德奥勒维利(Barbey d'Aurevilly)斥为"可憎而夸张"的乔治·桑(George Sand),正可以代表一个时期中因这种思想而饱受抨击的形象。1840年,弗雷德里克·苏利耶(Frédéric Soulié)使用了阳性的"他"来形容"自由的女学究",借此表示了他的讥讽之情:"……他想当代表、选民、律师;他抽烟,他散步时背着手,他跟他的同事——那些男人握手,亲切地以'你'相称。"1844年,杜米埃(Daumier)也描绘了这样一个形象:她穿着一身柔软而笔直的套装,一边站在镜子前观察自己,一边承认道:"天才真与性别无关。"这边缘性的"革命"虽然前所未有,但我们必须同时承认其双重性格:一方面鼓吹平等,另一方面却提议穿着男装。1842年的《笨

奥诺雷·杜米埃（Honoré Daumier），
《独一无二！我的人生里可握过四个跟
这一模一样的腰……》（*C'est unique!
J'ai pris quatre tailles juste comme
celle-là dans ma vie...*）约1840年，
巴黎，私人收藏

19世纪中期，束胸成了女性装束中必
不可少的一个"工具"，开始对身形
进行个性化定制，并有力地令时装制
造、市场和销售变得更多样化。

拙》杂志中出现的年轻女子，穿着马甲、半筒靴和紧身长裤，便更好地体现了上述
观点。

　　最后，还有一种规模同样不大但也同样特殊的现象，即在体操裙的款式中，卷
边的半身裙下面出现了一条裤子。19世纪30年代，一些教育机构中出现了一种专
为年轻女孩设计的活动，跟舞蹈不同，也有别于骑术；它跟某些传统游戏有相似之
处，动作根据身体每部分不同而有区别；同一系列的练习互相配合，利用一些器械
或工具，来使其融优雅与力量于一身。这种情况下，裤子可方便跑步、悬吊、走
动。但裙子还是一样鼓起，腰部还是一样束紧，活动性还是受到了限制，远不能比
拟提供给男性的服装。不过，女性身体从未感受过的舒适感正在自我发展的路上，
虽然只具萌芽，也非常脆弱。

保罗·加瓦尔尼,《十二种新装》(*Douze nouveaux travestissements*),1856年,
pl. no6,巴黎,私人收藏

19世纪50年代时精英阶层的裙装:束胸恰到好处,裙身丰盈且配有装饰,裙摆布
料直垂到地面,其天鹅绒短上衣会配上同材质同色的无边软帽。

裙子的文化史

《马鬃裙撑的顶点》(*Apogée de la crinoline*)，佩尔格兰图片社（Imagerie Pellegrin），1859年，巴黎，法国国家图书馆

使用了马鬃裙撑的连衣裙之所以能够持续扩大其蓬起的幅度，首先仰赖于硬挺的材料（马鬃），之后才是依靠金属环。这种裙子在19世纪50年代之后取得了突出的成功，但也遭到了很多批评，就像佩尔格兰图片社于1859年发表的这张插图一样。其中几个场景颇有讽刺意味：裙身太过宽大，以至于意外碰到壁炉而着火；裙体塞满了壁橱；在家里堵住了过道；被大风整个掀起……

裙撑从胜利到消失（1848—1875）

实事求是地讲，在接下来的几十年里，裙子没有任何深刻的变化。连衣裙的线条还在延续，并没有颠覆现存的廓形。相反，这段时间里显著的创新在于，这种廓形得到了进一步强化。自19世纪40年代开始，裙身通过不断堆积材质实现了其体形的膨胀。1841年，《时尚》杂志对此进行了一番乏味而不失详细的分析。首先是花边衬裤，它作为第一层"内衣"（dessous），完全被隐去了行迹，被"一条由纱线或毛线，以及周长三四米的鬃毛织就的硬挺衬裙"遮盖住；而这条衬裙又被"在膝盖部分加了绒衬里，上半身则通过鲸须变得硬挺"的第二条衬裙覆盖；其上又是第三条衬裙，带花边，"白色且上过浆"；再上面又覆盖了第四条，"用平纹织物做成"，这一层的外面才是外裙的所在。第一条衬裙的材质，"来自某种食草兽，多半是马的尾巴或者颈部"——这就是"裙撑"（crinoline[1]）名字的由来，而这个名字更形象地显示出了衬裙的硬挺度。下半身着意制造的蓬起效果，经过精心算计的裙身线条延伸，几乎在水平线上浮动的裙摆，重新成为女性外观的主要特点。

更妙之处在于，工业社会对铁材质的加工越来越精细，一种全新手段在1856年因此得以面世，即用细钢条来维持和巩固下半身的扩大。鬃毛衬裙让位给一种金属制的"内衬裙"（sous-jupe），它由"十个圈组成，最上面三个在胯部，便于将一部分衣物推向前面。就是借由这种工具，女性将自己送进了笼子"。"Crinoline"一词继续被用作这种全新结构的名字。而钢铁以更加浮华的方式再现了"篮子"曾经实现的效果。

---

[1] Crin, 在法语里为"马尾或马鬃毛"的意思。

19世纪60年代，技术进步的一项新成果令裙撑的使用更为方便：裙撑系统变得可折叠，或可调节，使之可以通过门框，适合座位，配合交通工具，甚至变得"坚不可摧"，"无论在火车座位上，还是汽车那狭窄的车厢里"都不会变形。而裙子的丰盈程度在得到更多凸显的同时，也完成了一些配合工作。此时已经存在一些较轻便的裙子版本，比如"惊奇衬裙"（jupon surprise），它是"同类中唯一既能配便服，又能穿在大型礼服里的"。无论如何，蓬起的裙身总是要明确凸显出来的。

于是，"裙撑"作为重要的辅助手段，在本世纪中期牢牢奠定了自己的地位，也使所有的人工手段、技术象征、美的象征都变得合理起来。1857年5月20日，《全民杂志》（*Journal pour tous*）中展现了一位年轻女郎，她穿着紧身的上衣和"铺展开"的裙子，庄严地坐在宝座上，睥睨远道而来的一众女性。其对比便一下子通过视觉生动地表现了出来。衬裙的存在，使得通过精心计算的、拥有丰富细节的、庄严盛大的底座，与那些被认为"不够文明"的衣着所产生的不那么恰当的姿态及不够清晰的线条，形成了对比。如此看来，"裙撑"地位的攀升便显而易见了。线条对完美的追求甚至吸引了插画家和小说作家。作为"现代生活的画手"，康斯坦丁·居伊（Constantin Guys）对"能根据自己所属的阶层，通过繁复的人工手段对自己大加装扮的女性"喜闻乐见。泰奥菲勒·戈蒂埃（Théophile Gautier）则是时装领域里的热心监察员。他在1858年重新提起了底座的话题，声称自己有所发现，其实不过是对一种地位稳固的传统进行了确认：

> 这丰富的裙褶，
> 将像旋转的苦行僧般的
> 短裙散开，腰肢
> 优雅而纤细；身体
> 上端被烘托得恰到好处，
> 整个人优美得，
> 变成一座金字塔。这堆

裙子的文化史

康斯坦丁·居伊,《在路上》(*Dans la rue*),
约1860年, 巴黎, 奥赛博物馆(Musée
d'Orsay)

有些人推崇裙撑造成的膨胀形状,把其当作
伟丽庄严的重要标志,康斯坦丁·居伊便是
其中之一。他精心描绘着裙撑的色彩、缎带、
花边及其里里外外的游戏。这也印证了一个
事实,即女性不过是呆板之"美"的体现。

厚重华美的布料成为

胸部和头部，

也就是最重要的部分的底座，

而裸露将不再被姑息。

　　同样的画面，同样的语言，也出现在波德莱尔的笔下，用来描述更让人心潮澎湃，或说更肆意妄为的美："（她）前进着，轻轻掠过，跳着舞，穿着绣花的裙子滚动着，那裙子既是她的台座，又是她的平衡器……"

　　该廓形还有更为特殊的一面，即从法兰西第二帝国开始，连衣裙裙身夸张的宽度，就成了获胜的资产阶级自我炫耀的舞台。裙子表面变身为画布，添加的装饰品成为"哗众取宠之物"，而面料的织造方式也能获得"展览"的机会。与此同时，"奢侈品"与"高级品"各自所占的比重也正在被重新分配，后者的势力范围一直在慢慢扩大。

　　19世纪初期，纺织业机械化，大型百货商店出现，商业发展并普及，时尚期刊大为流行……这些都使"精英分子"所穿的款式更加流行，并相对地大众化了。这又导致了阶级的重新划分，并重新架构了供给的世界，导致一个极为小众的领域出现。这个领域远非"高级"而已，这是一种"绝无仅有"且带炫耀卖弄性质的奢侈行为，完全是"专有的"；其款式的设计力求"超乎寻常"。一位充满灵感的"设计师"，查尔斯·费雷德里克·沃思（Charles Frederick Worth），便在这样的背景下横空出世。这位年轻的英国人在巴黎的潮流服饰商场加热兰（Gagelin）度过了第一个学徒期。他采用的面料极度精美，缝纫技巧高超，精工细作和华丽装饰将他的声望抬高到无以复加，几乎令他成为皇室御用的时装设计师。他设计的款式当然不可能流俗，而且很多衣裙只为一场宴会或晚会而设计。它们的廓形系统性地肯定了无限膨胀的裙身和极度收紧的上衣，并灵活运用了裙褶、对比、装饰元素、衩口、衬里、花边元素。连衣裙由此单纯成为"艺术品"。于是"高级定制服装"（grande couture）出现了，成为一种榜样；但它更倾向于展示理想的线条，而不是创造什么令人意外或者完全重建的廓形。

　　　　　　　裙子的文化史

热尼奥勒（Greniole）画作，《盖朗德的农妇》，出自《法国人自画像：19世纪的风俗百科》（*Les Français peints par eux-même: encyclopédie morale du 19e siècle*），t. Ⅱ，1876—1878年，私人收藏

19世纪70年代的这位盖朗德青年农妇也穿着一件趋于鼓起的裙子，上衣颇为紧身，只是她的裙摆底部稍微提高了一些以方便行动。

Jeune paysanne de Guérande. Dessin de Géniole.

　　此外，为了覆盖日常需求，满足普通人或资产阶级的需要，出现了大量新材质的纺织用纱线、缎带、小装饰品。品种之丰富令人眼花缭乱，都被左拉这个细心的探索者所记录，他还揭示了大商场对服装款式和饰品的积累产生了如何积极的影响。各种物件丰富多彩，在探索"女士乐园"[1]的作者眼中闪闪发光。"皇后缎""纬纱缎""全丝缎""公爵夫人缎""绝妙缎""丝质天鹅绒""全丝黑天鹅绒""纬纱天鹅绒""条纹天鹅绒""平纹天鹅绒""黑色提花天鹅绒"……在作者看来，百货商店已经成为一座时装与身体的神殿。左拉的作品《贪欲的角逐》（*La*

―――――――――
〔1〕 这里指左拉的小说作品《女士乐园》（*Au Bonheur des dames*）。

Curée）中，马克西姆（Maxime）在1854年从学校放假回家，便受到了这般花团锦簇的冲击：他看到父亲的妻子勒妮（Renée）所穿的新装是"蓝色罗缎的裙子"，配以花边、结扣、"天蓝色的绢花"、"上衣的大卷边"、仿蓝宝石的扣子……当即"因欣赏而心醉神迷"。这便将资产阶级阔绰的"定制"（couture）连衣裙，与其他衣裙截然分开。对照方，比如《画报》（*L'Illustration*）中卖华夫饼女贩的朴素衣装，是通过花边、裙褶、绦子、围裙等来膨大裙子的体积；或者如19世纪后半叶出现的《法国人自画像》（*Les Français peints par eux-même*）中的插图《盖朗德的农妇》（*Paysanne de Guérande*）：这位农妇的上衣收得很紧，裙子则大大地蓬起；虽然她在走路时还得提起裙子才能跨过障碍，并且裙子上没有任何装饰品令其生色或得到美化，质地变化只靠围裙出力。

此时的时装杂志种类更多，其中对"高级"衣着的描述各式各样："古董塔夫绸连衣裙，裙摆装饰以贝壳和黑白两色的花边；与裙子相连的短上衣带波点，袖口打开；布满星星图案的紧抽纱披肩，装饰有一白一黑两条立体蕾丝花边。"1861年的《巴黎时装杂志》（*Revue des modes de Paris*）便是这样，衣物一件接一件，描述也一页接一页。

有时，女装廓形可通过使用披肩来使其倾向金字塔的形状。这些质地精细的披肩包裹住背部，就如1851年伦敦展览会上展示的那样。背部被部分掩盖在披肩那特意加以装饰的曲线下，目的是让"上半身"显得更为纤细。身体的拘谨姿态仍然是人们心目中女人应有的形象，这也令上下半身的各自扩张可持续地发展下去，甚至成为人们心中富于诗意的倾慕对象："披肩是女人被唤醒的梦，是穿百褶裙的山

《马鬃裙撑》，出自《画报》，1864年9月24日，私人收藏

19世纪60年代，批评家既嘲笑裙撑的形状，也嘲讽其惹出的麻烦。《画报》的读者很多，其版画作品显示出创作者的敏感度。一股将巨大裙身转化为障碍和丑陋之像的文化潮流就此出现。

《王后殿下去冰海远足时的套装》（*Costume de Sa Majesté l'impératrice pour son excursion à la mer Glace*），《画报》，1862年，巴黎，法国国家图书馆

在1862年去冰海的旅行中，尤金妮王后的衣裙保留了传统廓形，裙身蓬起，上衣修身。这里不像别处，还没有人觉得这样的衣着有任何妨碍活动之处。

鲁佐德[1]（Shéhérazade）真实的底色。"

批评者则在此时援引了曾经的话语。塔舍夫人（Mme Tascher）对强加在女性身上的"鸡笼"大加鞭挞，认为其存在无异于囚禁，让她们"看起来像口大钟"。画面也是如此：自19世纪50年代末期起，卡姆（Cham）、贝尔塔尔（Bertall）、杜米埃等人的讽刺漫画都将规模"过于"庞大的衣裙描绘成沉重的负担：裙身撞到路人，碰到壁炉而着火，卷到马车的轮子底下，坐在汽车或小轿车里时盖住别的乘客，男人扭曲身体才能将东西递给裙子的主人。在给尤金妮王后（L'Impératrice Eugénie）的母亲蒙蒂霍伯爵夫人（comtesse de Montijo）写信时，普罗斯珀·梅里美（Prosper Mérimée）对这种"窘况"加以总结，其中不乏嘲讽之意："您再也想

---

[1]《一千零一夜》故事中的女主人公。

弗朗茨·克萨韦尔·温特哈尔特（Franz Xaver Winterhalter），《有宫廷伴驾贵妇环绕着的尤金妮王后》（*L'Impératrice Eugénie entournée des dames d'honneur du palais*），1855年，孔皮埃涅城堡（Château de Compiègne）

皇家宫廷之内当然是裙子蓬起幅度发展最极致的地方。大大展开的"下半身"变成了一个展示色彩、织造工艺和装饰的场所，穷极奢华与讲究之能事。

象不出比穿着裙撑上一条威尼斯轻舟（gondole）更滑稽的事儿了。"然而，"充满约束"的装置还持续了很长一段时间，继续推崇着它装饰性且静态的轮廓；然而它所挑战的不仅是廓形，还有自由。

尽管如此，还是有些变化在悄然发生，甚至就在帝国的中心。卡雷特夫人（Mme Carette）是尤金妮王后在1864年的私人"女教师"，她用很长的篇幅详细记录了一项她认为是创新的内容：在一次去阿尔卑斯山的旅行中，王后本人穿着一身"小套装"（petit costume），按照她的要求做得更短，用了较少的花边；裙子采用了朴素的材质，通过规律性的简单褶裥将裙子的厚度加倍。因为本世纪中期的英国女

《阿梅莉亚·布卢默女士肖像》（*Portrait de Madame Amelia Bloomer*），约1855年

19世纪中期，美国人阿梅莉亚·布卢默提议女性为了平等穿上女式裤装，这也是为了获取更多行动上的自由，以及有权利争取各种专业工作。女权主义者的批评清晰地指向了服装的功能性，这是前所未有的。虽然对传统的某些"参照"并未完全被抛弃，比如裤子上所罩的短裙。

　　　　　　　　　　　　裙子的文化史

游客已经穿过这种下摆提高的裙子，这位记录帝国历史的女作者便看出其推广开来的可能性，认为这是与散步的爱好相关联的，甚至还可能是与女性去逛城市景观以及城中的集市、热闹拥挤之处、乘坐交通工具等新现象相关："大家很快就习惯了这种方便的衣着，因为它灵活、轻便；我们可以轻易走进人群、商场，穿过汽车之间，不必再担心因穿着那种超规格的大裙子而造成各种事故。"这样的"改革"出现，便是一个信号，代表着女性会更多地出现在公共场所，更经常地来到大街上、商场里、剧院中、咖啡馆里。她们希望活动更方便，提高行动舒适度。

但有两方面的表现值得我们注意：一方面是对通过令衣服变得轻盈而获得"解放"的期待，另一方面则是衣服本身的限制，也就是"愿望"与"表现"之间的距离。王后及其随从在阿尔卑斯山所穿的"小套装"，虽然使用的材质较为普通，还是保留着覆盖面积较大的蓬起状态，脚上的低帮靴只能勉强露出来，裙子蓬起的外观绝没有消失，其弯曲的弧度只是看似"自然"。而在1867年的巴黎世界博览会上，那些女访客的装扮也可见一斑：有些确实很罕见的"短"裙，轮廓却并未改变。还有一些年轻英国女子欣羡法国史学家伊波利特·泰纳（Hippolyte Taine）常做的徒步旅行，而在她们身上，"淡紫色的丝巾从颈部到胯部，贴合裙子的轮廓，下垂、展开，如同一条闪动光彩的波浪"。这些衣裙的宽度和长度都很明显，换言之，其存在感无可争议。此外，古斯塔夫·多雷（Gustave Doré）在1861年的作品《黑森林》（Forêt-Noire）中，描绘了来访者的样子：一位年轻女子打着一把伞站在桥上，使劲倾身俯视桥下的深渊；她穿着一条裙摆巨大、装饰有花边的裙子，裙摆几乎垂到了地面上。

自19世纪50年代起，一股更为深层的动力开始在美国涌动，其后才传到了欧洲国家。波士顿市民阿梅莉亚·布卢默（Amelia Bloomer）重新提起了一个议题，即女性应该拥有接触各专业工作的平等机会，并借此来建议改变女性着装："应采用短裙以不妨碍步伐，穿长衬裤以保持贞洁。"这是结合了套衫与长裤的"中间选择"。目标首先是兼顾美观和功能性，"替换掉时尚专政迫使女人接受的款式，那些可怕、笨重和不便的款式"。于是，一场名为"布卢默主义"的运动出现了。战斗精神与之相携相伴，而1866年的第一本拉鲁斯（Larousse）词典也对此进行了注释。在伦敦首先发起的几项活动造成了群众的拥堵，也同样激起了愤怒的反响。伦敦的阿德尔菲剧院（Adelphi Theatre）上演了一出名为《布卢默主义还是今日荒唐》（*Bloomerism; or, The Follies of the Day*）的戏剧。《笨拙》则发表了若干版画，画中女人的梦变作噩梦，其各种渴望则被夸张扭曲为不和谐的音符。一些新的舞蹈涌现出来，比如布卢默波尔卡、布卢默华尔兹、布卢默四对舞等，也印证了民意所产生的效果。无论如何，对抗和拒绝是当时的主流。很快，阿梅莉亚·布卢默的名气便烟消云散了，一些隐秘的痕迹却保留了下来。英国女记者伊丽莎·林恩·林顿[1]（Eliza Lynn Linton）在1868年的伦敦报纸《周六评论》（*Saturday Review*）上使用了"本时代的年轻女孩"这个说法，来指代那些争取解放的女性。然而她觉得这种追求不合时宜，反对暴露"漂亮的脚踝"，反对这"决绝又傲慢的作风"，还有涂胭脂、染头发等。不过虽然颇费周章，这一主题却站稳了脚跟，甚至拥有了自己的名称——"现代女青年"或者"解放的女青年"。它几乎是以地下的方式导致了一个重要现象出现，也就是女性连衣裙的变形。这里的变形实际指衣着的轻便化，跟男装没有任何关联。贝尔塔尔在他1874年对服装的普查中坚定地指出：

> 裙撑统治的时代已经过去，而今日的伏尔甘用来囚禁现代维纳斯[2]的铁笼子，统治力也大打折扣。巨大的裙幅缩水了，铁架消失了，只有马鬃还在，但也很少！10年前流行的各种裙撑中，有的款式里大概缝进了半打目前所用的这种马鬃。重点再也不是突出左边、右边、前面和后面，现在只有后面才用马鬃。

各种各样的描述汇聚在一起，指向了同一个方向。甚至1876年的《画报年鉴》（*Almanach de L'Illustration*）也描述了这一突然的转变，却吝于解释原因："在裙撑这口大钟统治的年代，当有一天，已经没有什么门能让女士们通过时，她们便在一

---

〔1〕英国历史上第一位拿薪酬的女记者。

〔2〕希腊神话里，美神维纳斯背着丈夫火神伏尔甘与战神私通，被伏尔甘设下圈套，用一张铁网罩在床上动弹不得。

ALMANACH DE L'ILLUSTRATION
LES MODES ACTUELLES, PAR BERTALL.

Est-ce assez joli... à tous les points de vue!

贝尔塔尔，《从各种观点来看，这样够漂亮吗……？》(*Est-ce assez joli...à tous les points de vue?*)，《画报年鉴》，1876年，第61页，私人收藏

"鼓起"的裙子随着复辟回潮之后，19世纪70年代第一次出现对既往廓形的突破：裙子的前身变直，双腿的形状在前身显现出来，而后身则仍然高耸。流畅的线条开始奠定自己的地位。

夜之间换上了现今所穿着的紧身裙装。"而评论中作为最重要的事实加以强调的，是从前一直消失不见的身材轮廓如今显现出来了："从前一直藏着的，现在展露出来了。在鲜有褶皱的裙子之下，身体曲线表露无遗。"这种现象具有决定性的意义，它说明，裙子的新时代已经确定来临。

阿尔弗雷德·埃米尔·利奥波德·史蒂文斯（Alfred Émile Léopold Stevens），
《在公园里》（*Au Parc*），约1875年，私人收藏

裙子的文化史

朱塞佩·德尼蒂斯（Giuseppe De Nittis），《女子的曲线》（*Silhouette de femme*），1880年，意大利巴莱塔（Barletta），朱塞佩·德尼蒂斯美术馆（Pinacoteca Giuseppe De Nittis）

19世纪80年代，首次出现了纤长的廓形。这是女性轮廓第一次得到相对的自由，虽然后腰处还略有高起的部分。

紧身裙的流动性（1875—1910）

　　1876年，贝尔塔尔在《当今的喜剧》（*La Comédie de notre temps*）一书中记录了他拜访一位裁缝时的对话，更确切地指出了时尚的变化。这位裁缝首先批评了他的一位客户所穿的束胸，认为这样的物品不足以凸显其身材曲线，并强调了突出胯部的必要性："胸部位置不正，腰肢没有体现出应有的风采……您看，明显特别美的胯部线条被忽略了，也不优美；腰部被勒紧、变形了，胸部被提高了——这样的身体曲线是不合理的，而且并不优雅。"束胸还在，但从这位男士口中讲出的态度却已然不同。他特别强调了身体曲线，将以前隐藏的部分展现出来，给下半身以不曾有过的重视。这样的考虑将身体的曲线投射到衣着的表现力上，前所未有地勾勒出了身体各部分的存在，以及它们在衣料表面所呈现的凹凸有致之感："腿部得到了很好的展现，在身体前部凸显得恰到好处……（这位女士）将焕然一新。"

　　在文章的后续描写中，当新衣做成后，这位女客人的侄子发表了看法，他表示自己对之前隐形的身体形态有了新的认识："我刚发现，我有个很美的姑姑，她生来就该让人神魂颠倒。从记事开始这20年来，我从不怀疑这一点！""紧身裙"（fourreau）让身体呈现出蛇形曲线，其进行的调整手段完全改变了人身体的线条。诗人马拉梅（Mallarmé）则用"惊鸿一瞥"来形容"最优秀的巴黎女人"，即拉塔奇夫人（Mme Ratazzi）：1874年的某天，当他在布洛涅森林（bois de Boulogne）遇见对方时，她穿着"拖地而贴身的"连衣裙，她的美给人的"印象仿若诗人一般，是深刻隽永或转瞬即逝的"。而能让人更直观地感受到区别的，是比较1867年和1878年两次世界博览会上女观众的穿着：前者被禁锢在她们用无数花边堆起的裙子里，而后者衣着的线条更为流畅、身形更纤细，下裙贴着身体，腰线也更高。1877年，《巴黎幻想》(*La Fantaisie parisienne*) 杂志中的一篇文章，通过一位名叫阿贝尔 (Abel) 的年轻人的观察证实了这一点。当时他走在自己所爱的女孩身边，发现除了她的身形之外，她的步伐节奏也令他迷惑：

> 他们肩并肩走了一会儿，阿贝尔重新打量她，便又在她身上发现了某些迷人之处。在户外的她似乎完全变了一个人，而在闲暇时也写诗的他，便在头脑里将她比作了一束丁香花，轻巧摇摆、盈香颤抖……

此时服装的新意在于，让身体的中段展示出新面貌。我们可以从描述时装的措辞中注意到其强调的重点："相当长而修身的大衣" (paletot)、"系腰带的直身大衣"、"稍微收腰的宽袖长大衣" (houppelande)、"前后端较长的短上衣"、"单色塔夫绸下摆"、"无装饰的打褶套衫"。所用的关键词"长""直身""收腰""打褶"等，表示上下半身之间前所未有地出现了连续性，也反映出一种独特的线条，即身体的线条。骨盆曲线毕露，胯部浮现了出来，流线感成为必须，并在设计图中得到呈现和强化，其展现出来的整体效果前所未见。新的设计也关照到活动性。某些时装设计图本身便用符号化的方式，低调地体现出对动态的向往：精心刻画的女性转过身来，悄悄弯下腰，向一个孩童或是物体欠身。这个主题中隐含着一种诱惑，即可动性。而19世纪70年代末期，服装式样突然极大丰富，正是对这一点的反映。此时服装分类的极度扩大，应该是暗示了女性活动无限的多样性，无论这是真实存在还是想象出来的；而且值得一提的是，这些活动主要是娱乐和社交性活动。繁多的服装分类包括"城市装""温泉城装""乡村装""郊区度假装""购物装""赛船装""观光装""室内装""待客装""远足装""海滩装""赌城装""海滨浴装""城堡装"等。

胯部及其线条突然就在名为"紧身裙"的套子上得到了彰显，而它们必须得到坚持；并且因为十分显眼，它们立即得到了前所未有的关注。对那些有幸拥有一面

亨利·夏尔·安托万·巴龙（Henri Chalres Antoine Baron），《1867年世界博览会期间在杜伊勒里宫举行的正式庆典》（Fête officielle au palais des Tuileries pendant l'Exposition universelle de 1867），1867年，孔皮埃涅城堡

全身镜的天之骄女来说，自我检视就变得必不可少了。娜娜[1]（Nana）在她房间的镜子中审视自己的轮廓，"凝视着自己胸部的曲线，和大腿的浑圆饱满"；《巴黎生活》（La Vie parisienne）中的几位女主人公在独自面对镜子时，测量和研究"自己的胯部是否变宽，或者项背是否臃肿"。这样的自我观察产生了决定性的意义：它令女性对自己的要求更为严苛，诱导她们对自己多加审视，将"瘦身审美"作为导向，改进了扮美手段并提高了鉴赏力。无论如何，这一发现具有决定性意义。

　　然而，变化并不是一蹴而就的。其间也有剑拔弩张之时，不受掌控的廓形仍在出现，或者有其他的意外发生。收腰的裙子依然会造成束缚。为了追求线条"紧

---

〔1〕左拉著名的小说《娜娜》的主人公。

《1878年的世界博览会》(*Exposition universelle de 1878*)，佩尔格兰图片社，约1878年，马赛，欧洲及地中海文化博物馆（MuCEM）

1867年世界博览会及1878年世界博览会的参观者形象，展示了两个时期之间女装廓形的变化。1878年世界博览会期间流畅的线条明显占了主流。裙子在身前以直线下行，只有腰后的线条还略有提高。

致"的效果，反而又限制了活动。于是一时间，外表依旧为女性制造了诸多障碍。1876年的《画报年鉴》便持这一观点，将紧身裙比作了"襁褓"：

> 她们得好好研究如何坐下，才能让用来捆住身上缠的布料的系带不会崩开；然后还得能再站起来，让身上所有元素继续相连。她们还得想好巧妙的办法，以越过路上碰到的障碍，因为紧身的裙子不允许她们迈开大步。

贝尔塔尔，《包裹》（*L'emmaillotage*），《画报年鉴》，1876年，第61页，私人收藏

1876年的紧身裙塑造出纤长的线条，貌似赋予了女性更为自由的姿态。但裙子过紧
会使其自身成为限制，故贝尔塔尔有此一嘲。

　　在左拉的小说《小酒馆》（*L'Assommoir*）中有一个很长的场景，描绘在热尔韦斯（Gervaise）的婚礼上，洛里厄夫人（Mme Lorilleux）是如何因为穿了一件"贴身"的裙子而宛若遭受酷刑——她较低的社会阶层可能也增加了她的不自在感："她穿的黑色丝质连衣裙让她无法呼吸；上衣太紧了，因为背后用纽扣系起，所以割得肩膀处生疼；而下裙做成了紧身的样式，在大腿处勒得十分紧，让她只能用细碎的步伐前进。"还有讽刺小报的无情嘲笑，比如漫画中经常展示那些被勒得面无血色的身体，包扎太紧的丰满身躯，以及被捆缚到无法承受的状态。19世纪80年代的《趣味》（*L'Amusant*）杂志就把一位散步中的女士比作了压缩过的"袋子"：

　　　　——你胳膊底下这是夹了个干草包吗？
　　　　——当然不是，这是我妻子呀。

卡朗·德阿谢，《学校喜剧》（*La comédie scolaire*），出自《雅典共和国治下的喜剧》（*La Comédie du jour sous la République athénienne*），1886年，第150页，巴黎，阿尔贝·米约，私人收藏

19世纪80年代中期，卡朗·德阿谢用漫画的方式勾画了女性的身材形态。

这便是官方记录之外的旁证：哪怕是在社会最低微的阶层中，也存在这样的穿着方式。

　　值得注意的一点是当时对后腰曲线的强调，以及身体后方出现的"软垫"。在接下来的这些年里，身后的"断裂感"重新得到突出，但又随即消失。这就像人们曾经怀念蓬起的衣裙——虽然其回潮也只是局部的，说到底，所有过去的廓形都不是一下子退场的。服装的轮廓确实在变化，但其中总有部分令人拘束："女人不再像气球了，但现在她们类似一根堆满布料和花边的铅笔。"1880年的《时尚通报》（*La Moniteur de la mode*）鼓吹着一种乡村装，说它身后加的软垫"下面是层层花边，上面缀有双层缎带蝴蝶结"。1884年的《最新时尚》（*La Dernière Mode*）杂志则吹嘘着"裙子的所有体积都抛向了身后大型的空心褶裥里"。娜娜在巴黎赛马大奖赛（Grand Prix de Paris）上的衣着便呈现出了这一奢华的形象："……精巧的短上衣和蓝色丝绸罩衫紧贴着身体，腰后用巨大的软垫垫起。在还大多穿着气球般裙子的时代，这身打扮用大胆的方式勾勒出大腿的轮廓。"在裙子后方堆造出硬挺结

乔治-皮埃尔·修拉（Georges-Pierre Seurat），《大碗岛的星期日下午》（*Un dimanche après-midi à l'île de la Grande Jatte*），1884—1886年，芝加哥，艺术协会（Art Institute）

修拉的作品印证了19世纪80年代中期连衣裙的流行廓形。这时期从上到下，一气呵成的线条出现；只是后腰还有衬垫，将后身的裙子抬高。而19世纪60年代，"下半身"全部蓬起的形态已经消失了。移动中，双腿的轮廓在裙子的表面隐约可见，"自由"增加了，只不过是相对的自由。

构的外观在19世纪80年代又出现了。《时尚小信使》（*Le Petit Messager des modes*）杂志中提到一些女士的前身线条越来越直，而"后腰通过一种装饰品的辅助，曲线越来越明显"。《小姐们的报纸》（*Journal des demoiselles*）则指出了"撑起后腰"的"绝对必要性"，展示了诸多后腰的画面，明确展示出后腰是通过"一个置于腰下的小垫子"而实现了"支撑"。这种手段便于操作，即使那些"效仿富裕阶层风尚"的普通人家也容易实现。于是在19世纪80年代，女性的服装廓形统一了起来。

　　一些经过精心装配的薄铁片有时还是可以起到"支撑"作用的。它们还有个名字叫"折叠式衬垫"（tournure en strapontin）。这是一种精巧的工具，其巧妙叠放在一起的每个部分可以一片一片地滑开，根据其需要安放的位置来决定是展开还是收起。于是，某些障碍似乎因此被扫除了，而一些令人局促之处也似乎不复存在。行走、坐卧、弯腰这些动作更方便了，所以一时间，"这个系统成了公认的科学进步"。但也有人对此表示了嘲笑，比如1886年法国记者阿尔贝·米约（Albert Millaud）的表态，配以卡朗·德阿谢（Caran d'Ache）的插图，用讽刺的方式将这件事的性质变了个样："男人喜欢追随曲线，而女人身上的二十面体（icosaèdre）有那么多的斜线，巧妙地解决了问题。"

　　而怀旧的情绪仍在，当袖子的蓬起程度又开始为人着意时，人们便使用这种廓形来加强上半身的体积，以更好地将身体当成静止的装饰品。1897年，乔治·蒙托尔盖伊（Georges Montorgueil）对其进行了回顾，认为这不过是一种装饰行为。然而事实恰恰相反，它所牵涉的是一种顽固存在的"形象"，即衣装是服务于外观，而不是服务于活动的：

　　　　我们曾见扁平袖子占据主流，然后是鼓起的袖子，然后又是扁平袖子，现在又看到了鼓起的袖子。那巨型的气囊都无法塞进大衣，除非有热心人加以援手。

　　文化上的抵抗力令夸张的廓形做着往复运动，这种廓形还将存续很久才会彻底消失。它甚至迫使服装出现了某种暂时的变形：为了配合这种巨型袖子，一时间，人们采用了新的服装元素，比如"披肩式大翻领"（collet），它"类似各种剪裁的披风，短而宽大，带翻折下来的领子，这是唯一一种能穿在巨幅袖子上的衣服"。在1896年出版的《大街上的生活》（*La vie des boulevards*）一书中，皮埃尔·维达尔（Pierre Vidal）所绘的大量插图，便以无穷的例子反映了这样一种廓形：拉宽的肩部令身体线条变得隐隐约约，与下身贴紧胯部的裙子形成鲜明对比，而裙子下缘则来回摆荡，让人不得不用手提起来才能免于令其拖在地上。女性上半身裹的东西有时太多了，以至于有一次埃米尔·昂里奥（Émile Henriot）打趣地对一个惊讶的年轻人说："我说，那下面可能有个姑娘哦。"

然而事实上，这种怀旧情绪在19世纪80年代的进程中悄无声息地衰退了。真正的变革到来了，软垫消失了。"简单"，也就是流畅的同义词成为主流。"直线"将身体前后都拉平了。描述服装的文字也改头换面，比如1890年2月的《春天》（*Le Printemps*）杂志中对"女骑士裙"所做的详细描述：

> 胯部非常平整，后腰处有平整的褶裥，几乎只用了淡色的细呢绒。这条裙子修饰纤细的腰部，缔造雕塑般的廓形，使之展示出同等的优雅风度。顺便说一句，裙子这样的剪裁似乎是有很强生命力的。优雅的女士们穿这种非常贴身的呢绒套装时，只会选用明亮的颜色：木樨草黄（réséda）、灰黄、浅青绿色、淡玛瑙绿，还有某种干枯玫瑰的颜色，上面还带有些微染色的感觉，仿佛映了一些橙色或金褐色。

新的词语也大行其道：首先是"线条"（ligne），还有"柔软"（souplesse）和"波动"（ondulation）。整身衣服是下垂的，或者如《任性》（*Le Carprice*）杂志所说，"如裙子那样挺直"。一切舆论都令"瘦人"欢喜，"令其他人绝望"。而因为审美和自由的进步，有些期待则表述得更为直接。小仲马在1895年接受《春天》采访时强调了"曲线"的重要性，认为线条应该浑然一体，以此令女性的姿态表露无遗："我不知道怎么形容，但这是一种充满诗意的理想状态，是女人所能展现出的最大魅力。没有曲线当然也可以是美的，但如果没有极致的曲线，就不可能显得优

让·贝罗,《协和广场上的巴黎女郎》(*Parisenne, place de la Concorde*),约1885年,巴黎,卡纳瓦莱博物馆

19世纪末的某些服装肯定是为方便行动而设计的。让·贝罗画笔下的这位巴黎女郎就是典型的例子:她身姿纤细柔美,在稍微提起自己的裙摆时,双足得到了展示。

裙子的文化史

雅。"画家让·贝罗（Jean Béraud）在1895年画了一位走在协和广场上的巴黎女郎，他用心而细腻地展现了她风中的步态、扬起的裙摆和全身的轮廓曲线。19世纪90年代末还有一个标志性的词语"去装饰"（dépouillement），令从前的廓形成为历史。其后出现了一系列的连锁反应："羊腿形"的肩膀、腰垫、衬垫、鼓起的廓形等都变成了障碍，令自然和人工、轻盈和沉重形成了对比。1900年2月的《春天》杂志印证了这一点："腹部和胯部再也没有人工的束缚，也不用忍受'比斯克'挤压内脏的痛苦；我们要实现的只有一件事，就是保持纯粹的曲线，让身体展现出最自然的优雅，或者尝试修正其缺陷。"

　　而且从更深层的意义上讲，19世纪最后几十年中，身体与贞洁的关系、人们关于欲望的态度也在不断地变化；这些都标志着人们对个体更加明确的肯定，而观点、情感和思想存在的合理性也被更好地接受。自1886年起，阿尔弗雷德·格雷万（Alfred Grévin）为阿德里安·于阿尔（Adrien Huart）的《巴黎女郎》（Les Parisiennes）画的插图中有运动装，它包括一条及膝短裤和上身的收腰宽松无袖衫，两部分都着意展露皮肤，以及对腰腹"自然状态"的勾勒。在大众的眼中，这些都是从未"展现"过的身材。还有"内衣"（dessous）：19世纪90年代，亨利·布泰（Henri Boutet）在名为《与她们有关》（Autour d'elles）的著作中收录了数不尽的例子，展示了女性个人生活中最简单、最自然的姿态，甚至从前秘而不宣的内容；还有阿道夫·维莱特（Adolphe Willette）为《法国信件》（Le Courrier français）创作的插画作品，尝试以揭秘的方式作为诱饵，令大众熟悉对女性曲线的勾勒，虽然传统上这都是深藏不露的。仍然是在19世纪90年代，现代舞也做出了这样的改变。洛伊·富勒（Loïe Fuller）用她舞动的、闪光的薄纱交响曲，赞颂获得越来越多关注的身体的神奇。伊莎多拉·邓肯（Isadora Duncan）则用近乎透明的服装，将全部身体曲线变成了自我表达的中心所在；而一位名叫安德烈·勒万松（André Levinson）的观众深深为其倾倒，并将她推上了神坛："因为她，舞蹈变成了人类的自由翱翔，人可以任凭自己的直觉引领，对肌肉的能力进行美妙的探索。我可以立即这样说，这种艺术已经跳脱了一切成规的束缚。"

　　于是，时尚评论界开始经常使用含有情色意味的措辞，或者援引与感觉相关的

《那么告诉我……》(*Dites-moi donc...*)，
《由E.屈什泰根据阿尔弗雷德·格雷
万的雕版所作的水彩速写册》(*Album
aquarellé de Croquis d'après Alfred
Grévin par E. Cuchetet*)， 约1890年，
私人收藏

19世纪90年代，两位弄潮的女子形成了
鲜明的对比，这不禁让人想到，泳衣能多
么轻巧，多么好地强调身体曲线；它能部
分展露皮肤，程度可以说前所未有。

亨利·布泰，《就寝》(*Le coucher*)，《与
她们有关：起床、就寝》(*Autour d'elles:
le lever, le coucher*)，1899年，利西厄
(Lisieux)，安德烈-马尔罗多媒体图书馆
(Médiathèque André-Malraux)

19世纪末，贞洁的门槛产生了松动。油画家
和插画家深入私密领域，描绘从前深藏不露
的姿态，展现出在睡衣、睡衣面料和半裸方
面的新的自由。

裙子的文化史

文字，这一情况便丝毫不令人意外了。1900年，《春天》杂志如此描绘自己的发现，其中甚至颇有诗意："这纤薄的衣料完全贴在女性的身上，让她们的躯体纤毫毕露，同时又令她们像古代雕像一样纯洁，这便是艺术，是美学的精华。"

19世纪末，还有另一种期待助推了衣料的轻量化，即职业需求。衣着廓形的改造也还有实用的一面。一般来说，"流畅的腰线，柔软而灵活的身体"也有助于各种活动、主动创新、就任职务和承担责任。这都是19世纪90年代在时装杂志和相关书籍中常出现的关键词。所有这些要求都是世纪末女性地位变化的证据。女性投入工作，就必然生发相关的思考。而女性的职业生活，其选择、障碍和可能的各种变化都激起了众多辩论：媒体文章、论坛、反对意见、恢复原状的要求等层出不穷。当然，这里谈论的并不是农业、手工业和工业类的工作，这些工作因为它们的行业特性，都保留了严格由男性统治的传统。女性面对的是小资产阶级和资产阶级的工作，是可以协助女性获得经济自由的工作；这些工作开启了女性在工作上与男性争取平等权利的历程，其中起代表作用的女性或许终于可由自己来引导时尚和身体轮廓的变化了："在专业工作的扩张中，作为'白领'，女性都是被指派的一方"，所以她们拿的薪水显然应该更少。一个新的领域打开了大门：在公共职务、私营公司和办公室中的工作女性化了。与1860年相比，1914年办公室的女性职员增加了近九倍，从9.5万名增加到了84.3万名。这就是首要标志。乔治·蒙托尔盖伊在提到时尚的同时，也强调了19世纪90年代中期发生的这一变化：

> 没有职业发展和资产的话，女性几乎就不能提什么要求；就像好心人们说的那样，会有继续像她妈妈那样生活的风险。

1895年1月20日出刊的《时尚画报》（*La Mode illustrée*）则更为直白地断言道："本世纪的时间越向前推进，工作的重要性便越如律法一样，很快将覆盖所有人。"而《全国时尚》（*La Mode nationale*）杂志终于迈出了创新的一步，于1898年推出了"求职"栏目。在世纪交替之时，工作为某些服装提出了"实用"一面的要求，这在很大程度上也是前所未有的。比如裁剪时装的裁缝受到了来自英国的影响，英

裙子的文化史

国设计师雷德芬（Redfern）影响了人们户外活动和运动的着装品位。实用性推崇"简单"而"严谨"的设计，比如用柔软的呢绒制作的"收身短外套"，或是"胯部平整、裙摆稍高于地面的直身单色裙"，用来方便身体无拘无束地活动。从此，"灵活的"廓形将通过一种新的活动类型和更高的效率来奠定自己的地位，直至像奥克塔夫·于扎纳（Octave Uzanne）所说的那样，迈出"决定性的一步"。

不过我们还是应该指出变化的局限所在：这些曲线和这种纤细感与今日并不相同。其时女性的"自由"也确实存在，但其展现的形式和目标都不一样。19世纪末的"紧身"裙和丰满的胯部，似乎都是在束胸衣的控制下才可能实现。换句话说，衬垫的末日，并不代表束胸衣的退出。其后带来的只是束胸衣的更新换代，而不是彻底消失。衬垫退场，其实是在骨盆突然露出真容时，迫使束胸衣去压缩其线条，同时向下延伸得"更低"："今日的连衣裙，如果不能很好地贴合身体，或者说'紧身'，根本就行不通。然而要达到这个效果，只能穿上多缝鲸须且下端很长的上衣。"若想轮廓暴露得更多，就需要对支持系统进行调整。也就是说，女性要获得紧实的身体线条，便不能再放弃身上的支撑物。如此说来，恐怕女性线条维持失败的警报就没有停止过。从19世纪90年代开始，加长版的束胸衣推广开来："现在需要的是长款的束胸衣，包裹得比从前更多，使用鲸须的部分下缘很低，直延伸到胯部。"1900年，巴黎国立歌剧院的女高音格朗让夫人（Mme Grandjean）之所以拥有"惊艳绝伦的线条"，是因为她的裁缝勒格兰夫人（Mme Legrain）制作的束胸衣"令她焕然一新"。而1905年的《时尚通讯》（*Messager des modes*）中，有位读者写信来抱怨自己的身材，便把原因归结到"束胸衣没穿好"上。还有一个例子：1902年，《春天》杂志发表了小说《决定性时刻》（*L'Heure décisive*），女主人公歌手丹

朱尔·谢雷（Jules Chéret），《女神游乐厅，洛伊·富勒》（*Folies-Bergère, La Loïe Fuller*），私人收藏

洛伊·富勒于19世纪末创造了一种舞蹈表演：以裙上的轻纱，搭配灯光和火焰的影像，将自己完全围裹。在层层舞动的褶皱之下，她经过精心设计的身体展现出的活力无与伦比。

尼丝·米里埃尔（Denise Muriel）之所以能够令其仰慕者夏尔·格里塞尔（Charles Grisel）倾倒，不仅因为她的歌喉，也由于她的束胸衣。其"纤细的身姿"是"裁缝在穿着束胸衣的这位女士身上嫁接出的作品"，只有她能"创造出如此赏心悦目的柔软曲线……这是真正的艺术品，而她是唯一的创作者"。

这种存在已久的"固定"工具已经得到了普及。其产量从1870年的150万件增长到1900年的600万件。其样式和品种也是这样，一直以来就在不断地丰富和多样化。广告量也在不断增长，这同时也显示了顾客的需求和时代的变化："人鱼"（le Sirène）品牌出品的"蜻蜓"和"雕塑"（Plastique）两种款式，保证顾客能获得"时下风尚所要求的线条"；"珀耳塞福涅"（Perséphone）这一款"用绝妙的方式缩小胯部"，"束胸的橡胶质地"拥有"十分珍贵的延展特性"；还有"利亚纳"（Liane）这款，为了得到最贴合顾客身材的理想效果，需要顾客给出"腰围、胸围和臀围"。

这种工具为身体勾画了一个精确的样貌，迫使女性因自己的曲线接受超乎往日的批判，仿佛一切都是为了更好地模仿已经消失的形象。就这样，女性衣着的廓形逐渐模式化，变得几乎可以说是矫揉造作，令"当代的观众产生一种错觉：1900年在特鲁维尔（Trouville）度假的女士应该属于另一个时代"。她们身体如被"折断"一般，后腰凹进，无限延长的线条有时被定义为"障碍性曲线"。流动的腰部线条弯曲而显出"S"形，以便更好地展示女性特质。来自美国的内尔·金博尔（Nell Kimball）便十分直白地展露着这种曲线，而这位排场奢华的旧金山交际花也显示了世纪末这种线条的国际化："什么都包起来了，除了屁股和胸部。"20世纪初，莱奥内托·卡皮耶洛（Leonetto Cappiello）在其设计的海报上，将女性的胸部以前所未有的幅度向前挺出，把对婀娜曲线的追求漫画化了。而对"S"形曲线的参照在当时的绘画和插图中比比皆是，比如1903年默尼耶（Meunier）的作品"时髦女子的外衣和内衣，或几何式结构。S曲线如同气精（sylphe）[1]"。一时间，有一种身

─────────────

〔1〕此处应为法语的文字游戏。为了拼写正确，法国人在读字母时，通常会念出一个以该字母开头的词用以确认。而该句字面上说，s就是sylphe这个词开头的字母；同时也另含一层意思，即女人的S形身材应该像"气精"（sylphe）一样轻盈美好。

La Fille　*Le Trottin*

乔治·蒙托尔盖伊,《巴黎女郎自画像》(*La Parisienne peinte par elle-même*),
插图作者亨利·佐姆(Henri Somm),1897年,巴黎,私人收藏

到了19世纪末,身体的轮廓开始可以在衣料的曲线下浮现。此外,女性的步伐更代
表了活跃而果决的形象,与此二图上呈现的样子十分接近。然而,包裹"外勤女店
员"的斗篷却略带"古旧感"。不过这个"女孩"整身衣服已经轻巧了很多,趋势是
变得更有活力、更加敏捷,凸显凹凸曲线和勃勃生机。连衣裙的新时代已经启动。

姿的范式,结合了其修长的轮廓和凹凸起伏的曲线,席卷了所有时尚杂志:脖子弓
形伸直(向前弯),胸部向前顶,腰部向后撇。只有这样的身姿才能吸引乔治·勒
孔特(Georges Lecomte)小说《绿色纸盒》(*Les Cartons verts*)中主角洛里奥尔
(Loriol)的目光:他在散步时,突然就被眼前"挺立在纤腰和肥臀上方的、那傲人
的胸部曲线"摄住了心神。这种范式反映着费迪南德·巴克(Ferdinand Bac)、朱

尔·格朗茹昂（Jules Grandjouan）或亨利·热尔博（Henry Gerbault）作品中女性的轮廓："颀长、柔软、凹凸有致……她们的身体上满是丰盈的凸起。"于是，曲折而精致的新曲线，跟从前层层包裹、重负在身的轮廓形成了对比。

《公寓的极大不便……》（*Un grand inconvénient de l'appartement...*），《由E.屈什泰根据阿尔弗雷德·格雷万的雕版所作的水彩速写册》，约1890年，巴黎，私人收藏

1890年到1900年间，新的紧身裙并没有抹杀束胸的存在。更有甚者，束胸的长度已经延伸到大腿，继续维持着对腰部线条的强调。于是女性的身体上呈现了S形的曲线。在阿尔弗雷德·格雷万的版画作品上我们可以清晰地看到，参观公寓的年轻女子所呈现的正是这样一种体态。

　　　　　　　　裙子的文化史

— Un grand inconvénient de l'appartement, c'est, pour une jeune personne, d'avoir ce machin là devant sa fenêtre.

— À cette distance, mon enfant, vous ne pouvez vraiment pas.... voir grand'chose.

— D'mande pardon, madame ; avec la lorgnette.

第 5 章

修长线条的出现

C.-L. 伯索尔（Bsor）或者伯佐尔（Bzor）[夏尔-莱昂·布罗塞（Charles-Léon Brossé）]，"佩拉卡瓦"（Peïra-Cava），《旅游海报》（Peira-Cava），1911 年

在为解放女性线条而不断努力的漫长过程中，19世纪末的S形线条已经是一种创新了。它打破了之前钟状廓形的框架，为姿态注入生动的元素，通过收紧线条来塑造轻盈、纤细感，甚至开始隐晦地透露出性感的信息。然而，一切都尚未有定论，一切也还有待完善。向前顶的胸部和向后撤的腰部，使身体的姿态紧张、别扭，甚至像是在表达一种无法言说的混乱情绪，而这恰恰代表了感觉的存在。而到了20世纪初，完全纵向发展的廓形强势登场。女性的身形得到了重新勾画，从未出现过的修长线条登上舞台。当普瓦雷（Poiret）于1908年考虑设计一条没有束胸的裙子时，或者1918年的普鲁斯特（Proust）在他的记述中提到，奥黛特（Odette）的身体轮廓是"一条直线"，是被解放而不是被矫正时，女性的曲线确实不同以往了。"茎"的样貌取代了"S"，直线条替代了曲线。女性的身姿获得了革命性的改变。现代化的身体已经表露出清晰的轮廓，虽然可能还有其他的变化在蓄势待发。

"茎"的胜利（1910—1920）

　　从视觉上讲，S形曲线明显比19世纪80年代的身形更为纤细、柔软。对沉重衣装的欣赏和对轻盈衣着的全新审美之间，差距显而易见。此时，一种随意感也随着新廓形而产生，造成了一场外观和行为的革命。因此而获得的"修身"效果甚至催生了一些典故逸事，全因太紧身、太暴露身材的衣裙导致了一些意外的副作用，比如不应该的怀孕。有个母亲对诱惑了她女儿的人抱怨道："你这个好色之徒……在这个流行紧身裙的年代，把一个女人弄成这个样子！"然而有一进程仍在运行中，即为了获得更多便利性而修改着这种线条，继续追求着更高的舒适度、流畅性；而此前貌似自由的东西，也因此转化为议题。

　　20世纪初的第一个变化，是针对裙摆的底端。裙摆提高了，有时会离开地面，露出脚踝，更方便行动。在弗朗西斯克·普尔博（Francisque Poulbot）1905年的作品中，制帽女工蹦蹦跳跳，似乎正是她穿着到腿肚的裙子所提供的便利。这有可能是来自社会较底层的发明，因为它暗示着更多喧闹，甚至是无序的成分，缺乏了庄重的气质。而一些本世纪初流行的草图则印证了这一点，图中的裙子紧紧裹住胯部，以便让裙摆在腿的位置摆荡起来，让人可以看见靴子和长袜。另外，一种新的造型，即"小跑套装"（costume trotteur）的出现，也印证了这一点。让·贝罗的插画在1906年以"外勤女店员"（Trottin）的名字命名了这种套装；《时尚画报》则在1909年提到了这种衣着，将它描述为"中裙，上半身非常合身"，而"下半部分以非常优雅的方式"散开。这种对服装的减负方式完全保留了衣服的柔软和轻盈感。当然，这是一个标志，一个虽然不太引人注目，却在历史上留下了痕迹；它标志着20世纪初，女性在公共空间的存在感得到了加强，并无意中采用了与此相符的服

埃利奥·希梅内斯,《蒙特卡洛高尔夫》(*Golf Monte-Carlo*),约1925年,私人收藏

自20世纪最初几十年开始,运动服装就已经优化了线条的流畅性、材质的流动性,提高了裙摆。显然,衣着的动感和纤细变成了最重要的原则。"底座"已经失去了意义。庄严呆板的美不再重要,取而代之的是通过修长线条和生动之感实现的优雅姿态。

装。时装类书刊散播着演出广告,并着意强调其价格低廉。旅行指南则遍是宣传酒店或者是那些出租"价格优惠的小屋"的广告,这显示出女性出行正变得越来越普遍。插图画家则创作了许多作品,反映男男女女一起在休闲场所散步的情景。或者从另一面来看,这一时期也出现了很多批评的声音,针对那些被认为太注重"功能性"、太"自由"、太"大胆"的衣服,而这些批评也反映了一些问题。热尔博作于1905年的作品中有一位看似颇有成为交际花潜力的年轻女子,她穿着一条长度在膝盖以上、式样颇为"荒唐"的裙子,嘲笑她那穿着拖地长裙的妈妈:"妈妈,如果你也穿得像我这么时髦,怎么会有人以为你是我的女仆呢?"

而第二个变化也同样具有历史意义,即本世纪初出现的女运动员的形象:埃利奥·希梅内斯(Elio Ximenes)于1900年绘制的插图中,在蒙特卡洛(Monte-

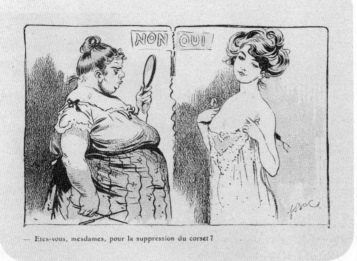

— Etes-vous, mesdames, pour la suppression du corset?

费迪南德·巴克，《女士套装的革命》（*Réforme du costume féminin*），出自《幽默大师》（*Les Maître humoristes*），1905年，巴黎，私人收藏

20世纪初的女权战斗精神要求消灭束胸衣。因为它所代表的"束缚"，已经变成日常工作以及娱乐活动中的"折磨"和"障碍"。这些表达很直接地反映出另一个变化，即女性地位的变化。说教者仍然鼓吹着束胸衣的必要性，认为它能够修正不够优雅的线条，而这一点也在插画师的作品中反映了出来。只不过，这些说教所能产生的影响已经大不如前。

Carlo）比赛的女高尔夫运动员身着轻盈的衣料，衣服因身体的扭动和发球动作而变乱、"飞起"；而伯索尔于1911年的作品中，在法国佩拉卡瓦（Peïra-Cava）的女滑雪运动员令裙子飞扬，露出自己的双膝；还有1900年，阿尔贝·纪尧姆（Albert Guillaume）招贴画中的溜冰运动员和她们回旋的裙子。而自行车则在这个世纪末加入了这场衣橱冒险，为女性着装产出了更多可能性，发起了一场前所未有的服装游戏。最早亲历变化的旁观者带着惊讶，甚或是惊愕的口吻表示："自行车对她说，'放手去做吧，假装忘记你的性别。你就是这里的女王，去场地里飞驰吧。从前你只是小心地尝试冒险；现在，走得远远的，不用任何人陪伴。从前你掩藏自己的双腿，现在尽情展示吧；穿着裙子，穿着衬裤'。她需要为脱离她本身的全新个体，一个她从前不认识的个体寻找服装，那就是自行车女骑士。"

让·德鲁瓦（Jean Droit），《宽衣》
（*Déshabillé*），1932年，私人收藏

自20世纪第二个十年开始，束胸衣
已经无迹可寻，这对女性活动的解
放无可置疑。展露身材的游戏出现
了新的形式。内衣本身的"外观"
最注重的是身体的线条，其修长感
和自然的凹凸曲线。

　　20世纪初，这些运动出现得越来越多，"推动"着"服装向简单化发展"，并
且令下装也变得更为"精练"。泳装本身也比较轻便：1905年，安妮特·凯勒曼
（Annette Kellermann）在穿越英吉利海峡失败后，穿着无袖泳衣和外罩短裙的泳裤，
在巴黎的塞纳河里游了一段，引起了轰动。

　　第三个变化可能更有决定意义，就是束胸衣的消失。跟束胸衣有关的医学批
评贯穿了整个19世纪，虽然一直未曾掀起波澜。1900年《时尚画报》的内容还能
证明这一点："医学和审美是相距甚远的两种事物……要为了健康而牺牲一抹纤美
而优雅、线条和谐的腰肢，那是绝无可能的。"而要打造这种腰肢，公认只能依靠
束胸。而20世纪，一种类型完全不同的批评声势浩大地出现了。它来自女性自身。
这种批评针对日常需要、身体动作的便利性，以及娱乐和工作的天地。它要求廓形
上的革命，描绘出一种斗争的美感。而它尤其凝聚出一种近乎战斗性的精神，甚至

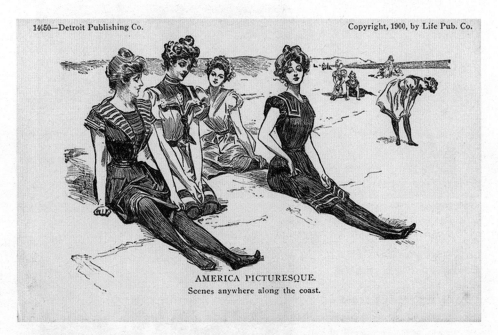

查尔斯·达纳·吉布森，《海岸某处的景象》（*Scènes quelque part le long de la côte*），约1900年，美国图片社（America Picturesque）

"纸上"人物"吉布森女孩"，是20世纪初由插画家查尔斯·达纳·吉布森创作的，代表了一种新的女性形象：她们拥有职场生活，娱乐生活，全心投入无数日常活动中。这一形象获得了巨大的反响，通过《生活》杂志成功地推广开来。其形象也展示了一种新的着装方式：束胸衣和帽子统统不见，身体呈现垂直的线条，衣料柔软，裙摆上提。美国展示出了其作为现代化榜样的影响。

激起了团体性、集中性的行动。于是便有了以"女性衣着改革"为目标的"国际同盟"，汇集了来自荷兰、德国、英国和奥地利的"女士和医学"的各种协会，在20世纪初，旗帜鲜明地对束胸衣发起了冲击。而一个"母亲同盟"则在1908年延续了这场斗争，散发了两万份以"为了女性自然美，反对束胸对腰腹的伤害"为标题的宣传册，征求签名，并印发支持者的名字，追求媒体报道的效果。此外，这些来自女性的创举发生之前，在英国还有过一个组织得相当认真的妇女活动，名为"理性着装协会"（Rational Dress Society）；这个协会曾在19世纪80年代末期，对"无鲸须束胸衣和以实用为目标的着装"进行销售。于是，一种动力自此而生。批评意

古斯塔夫·巴班（Gustave Babin），《普瓦雷，公园中的优雅一课》（*Poiret, une leçon d'élégance dans un parc*），亨利·曼努埃尔（Henri Manuel）摄影，《画报》，1910年7月9日

普瓦雷发明的连衣裙不需要束胸来设定廓形。其支撑点设置在肩部，而非腰间。女性的身体轮廓获得重塑，腰线不再明显，身体的垂直线条更为显著。但作为"古风"标志的拖地裙摆却并不总是遭到抛弃的。

见追求的是一种新的舒适感，谴责束胸衣束缚出的姿态、过分弯曲的腰身和强加的曲线；讨伐女裁缝们使用的木头模特，痛斥它们"滑稽可笑"的身材；指责束胸衣压迫腰部、禁锢胯部，造成了折断般的身体线条。此外，她们的批评更激烈地针对束胸衣在工作中造成的折磨和痛苦："当女性更多地因为工作而保持坐姿时，她就会遭受更多来自束胸衣的压迫。"这也证实了一点，即20世纪初，女性职业已经实实在在地成为社会的一部分。这也显示出女性工种的多样性，指出了其活动主要是在"工坊和办公室"中；而抗议是因为"频繁弯腰"和其他动作很难做到，身体需要弯曲时会感到疼痛："我从不能好好地写满十行过得去的字，因为束胸衣总让我胸部疼痛。"传统上用来固定身姿的工具不再只是危险，还是障碍、束缚，是让人筋疲力尽、为自我设置的限制。于是，拒绝束胸衣有了来自各方的亲身经历作为注脚，其重要性日渐高涨："我已经15年没有穿束胸衣了，这大大有助于我对演唱的学习。即便如此，我也可以穿着盛装，我的女性朋友们都觉得好看。"对束胸的抗拒也以插画的形式表现了出来，比如费迪南德·巴克的作品之一中，对于"取缔束胸"，身材纤细的女性表示同意，而身材圆润的女子则表示反对。实际上，消灭束胸，会更易于展现优雅，甚至为女性的气质锦上添花。

而此时，来自美国的一种身体线条引领了潮流新方向。这种线条来自查尔斯·达纳·吉布森（Charles Dana Gibson）在《生活》（Life）杂志中所绘制的游泳的女性。她们抬高手臂，展现出一种全新的自由；颈部舒展，与背后和腿部的线条连成一线。吉布森甚至创造了一种一眼可辨的人物形象，其身姿柔软而自由。被称为"吉布森女孩"的年轻女子穿着适合运动的衣装，姿态轻灵，在美国激起了强烈的认同感。虽然是虚构的，却着实成了偶像人物。这个"女孩"的成功使得吉布森于1902年获得了《科利尔周刊》（Collier's）的一份特殊合同，费用高达一万美元，让其在杂志中描述女孩虚构的生活。他的绘画方式本身也很特殊，使用最简约的线条，却收到了最优的效果。图画中的年轻女子身处日常情景中，放弃了帽子，"露出头发"；她们在阅读、打字、跳舞、打高尔夫球，修长的四肢流露出柔和的姿态，与那些躯体较圆润、矮胖，因而不够"现代"或更年长的女性形成了鲜明对比：前者明显非常有动感，后者则明显呈静态。这个例子具有决定性的意义，因为它也显示出，美国风格正在逐渐上位：这种风格在欧洲得到了广泛传播，无形中显示出经济成功与美学成功之间的关联。1900年举行巴黎奥运会期间，观众在看到美国的冠军时便发出了这样的感慨："在新世界已经形成了这样一个年轻而杰出的民族啊！"

虽然吉布森的"模特们"似乎并没有彻底放弃束胸衣，但她们的举止姿态已经表明，衣服能够以及应该能够产生多大的改变。保罗·普瓦雷（Paul Poiret）是

"由保罗·伊里布为保罗·普瓦雷的设计所作的插画"，1908年，巴黎，加列拉博物馆

1908年起，有插画作者以最为优雅和敏锐的笔触，为普瓦雷设计的兼具流畅性和纤长线条的裙子作插画。保罗·伊里布便是其中之一。

1908年前后出现的先锋设计师之一，他设计的连衣裙首次完全放弃了任何的支撑工具，"提供了一种纤细修长、头缠饰巾的女性形象"，创造出《画报》所说的"纤长的柔软感"，成为"赋予面料以灵魂"的艺术品。普瓦雷在对此进行解释时坚持认为，应当对"身体这座建筑"进行再审视，在研究人体动作时，应优先顾及身体张力，而不是被动性："我学到的是只采用唯一的支点，也就是肩膀这个部位；而在我之前，服装的支点都在腰部。"如是，胯部可以呈现任意姿态，躯干和腰部能够和谐联动，女性的线条获得了改写。S形的曲线向"垂直"方向发展，女性的轮廓不再是横向扩张的，而是直线化了。过去崇尚的蜿蜒曲线，"抽搐着……扭动着，就像一条五彩斑斓的毛毛虫那样向前挪动着"，也已经成为明日黄花。甚至专门出现了一个词，也就是"修长"（élancement），来强调这种拉长、增高的效果。

阿道夫·梅耶尔（Adolph Meyer），
"艾琳·卡斯尔"，照片发表于《时尚》，1921年1月1日

在20世纪第二个十年中，艾琳·卡斯尔（1895—1969）与其夫弗农·布莱思（Vernon Blythe）组成了一对不同寻常的舞蹈组合。她的知名度在其舞蹈设计之上，关键在于她对舞蹈中穿着的衣裙进行再创造，以更好地展示身体动态的方式，比如缩短长度，选择柔软面料，为裙体开衩，保持腰部宽松，通过身体来定义衣料的线条……

1908年，保罗·伊里布（Paul Iribe）受邀为保罗·普瓦雷的画册作插图，他也通过为画中线条修长的模特赋予精心推敲的优美姿态，开启了"一个时装插画史上的新时代"。他甚至亲口承认，他在安坦大街（Avenue d'Antin）设计师下榻的酒店，看到那一系列作品时内心产生的强烈的欣赏之情："我曾经常幻想这种类型的连衣裙……但我没想到，有人真的会将它们变成现实……这太令人赞叹了。"普瓦雷本人的话更为关键："我是在以自由的名义，提倡废除束胸、抛弃胸罩。"决定性的结果终于到来了：这是一项以18世纪的连衣裙为开端、针对女性服装廓形的漫长工程；这也是一场持续已久、充满反复的进程，其中19世纪70年代末的第一批锥形服装是较为关键的一步，其后不断出现各种分身，并最终在20世纪的第二个十年

加布丽埃勒·香奈儿正要上车，1928年，比亚里茨

自20世纪第二个十年开始，加布丽埃勒·香奈儿一直穿自己设计的衣服。她提高了裙子的下摆，很少强调腰部，整体的松弛感是在为身体的自由舒适和活动方便保驾护航。

前后迎来了终点。这也是一场决定性的文化变革，让女性抛弃装饰品的身份而得到重生，并在实践和活动中重新认识自己。在20世纪第二个十年里观众对纽约舞蹈家艾琳·卡斯尔（Irene Castle）表演的赞美，恰好可以证明这一点：这些舞蹈热爱者，无论是在法国巴黎还是美国的舞台上看到艾琳·卡斯尔的表演，都对"为她行动上提供极大自由的开衩的裙子、柔软而流畅的衣料"大为惊异，并为其深深折服。

这一时期，曾经身为交际花的加布丽埃勒·香奈儿（Gabrielle Chanel）变身为时装设计师，在法国比亚里茨（Biarritz）、多维尔（Deauville）和巴黎开设了专卖店。她在这样的变革中担任了一个具有决定意义的角色。她所设计的"宽松而简约"的罩衫、"衬衣裙"、"松散系在腰间的披巾"、"更为宽松的衣服",都是为了摆脱束胸衣。它们被披挂在肩膀上,自由垂下,令腰部隐形,却令动作成为焦点。这其中产生了一个明确的关注点,指导调整服装的方向,被反复提及,强调了对身体这座建筑从未有过的关注:

> 身体的所有关节联结都体现在背部:所有的动作都从背部出发,背后也应该使用最多的衣料……一件衣服就应该能在身体上移动;它只有在人不动的时候才应该是紧身的,在人移动的时候就应该过大。我们不应该惧怕褶皱,褶皱只要有用,就永远都是美的。

活力是现下的中心议题。创新之处在于"(香奈儿)对身体的认知",她希望衣料能够在身体上滑动,不要固定身体的廓形,赋予其自由。此外,这位女设计师还深谙如何搭配面料、选取织物,挑拣出最轻盈也同样最利于活动的衣料。从1916年起,她推出了平纹针织(jersey)套装,平纹针织面料既柔软又"便宜",从前被用在内衣上。由此,她开启了"使用柔软且容易打理的材质"这一条新路。其收效也印证并强化了时装当下的变化:线条得到了统一,轮廓更加柔和,活动性继续增强,女性的外观焕然一新。这样的廓形普及开来。美国人的评论也关注到了"香奈儿那迷人的衬衫裙"。就连文学界也为之倾倒。在小说《追忆似水年华》中,马塞尔·普鲁斯特对奥黛特的身体进行了相当细致的观察,其眼光中是克制又充满激情的欣赏;而这些描述,也是对1910年到1920年间女装轮廓及其颠覆性变化最忠实的反映:

> ……奥黛特的身体展现出统一的轮廓,全部由一条"线"勾画出来,这条线因遵循女人身上的曲线,抛弃了高低不平的小道、矫揉造作的凹进凸出以及种种网状物和过去时装中布满的各种饰物,但在人体上出现差错的地方,就是在因凹进或凸出而偏离完美线条的地方,则大胆地用线条来纠正大自然的偏差,并在一整条线路上弥补身体和织物的缺

陷。衬垫和"身段"难看的"腰垫"已经消失，消失的还有带垂尾的上衣，这种上衣盖在裙子上，并被撑着的鲸须绷紧，在很长一段时间里给奥黛特增添了一个假腹，使她看上去像是由各不相同的部件拼凑而成，没有统一的特点。"蓬边"的垂线和蜂窝状褶裥饰边的曲线已让位于身体的曲线，这身体犹如拍浪的美人鱼，使丝绸面料上下起伏，并使珀克林（percaline）丝光色布具有人的表情，因为现在身体如同一种有生命的有机形式，已摆脱长期的混沌状态和款式过时的服装阴霾般的包裹。

这里并不是说，奥黛特的形象具体地代表了劳动者或是女性新职业的要求。她的情况显示出女性姿态完全的颠覆，以及对自我表达和仪态举止不可避免的影响。因为这些变化和影响，第一次出现了并非"人工"限制了身体，而是身体限制"人工"的情况，甚至当前的女性线条仿佛是来自"内在"的。在战争年代[1]，这样的轮廓也推广到了普通阶层之中。在专门针对较普通消费者的服装厂商中，女性套装也得到了普及。这也是第一次，女性服装专门为身体的"行动"而服务。这一要求如此强烈，甚至为服装增添了另一项变化。这一低调却又颇有意义的变化体现在帽子上，其变化的基础也在于对沉重感的抗拒。马塞尔·普鲁斯特对此进行的注解极为精彩，思路清晰又颇有趣味：

> 有人在欣赏帽饰为鸟笼或菜园的丑陋之人时，又怎么能感觉到斯万夫人的迷人之处，她头戴普通的系带、有褶的淡紫色女帽，或戴一顶直插一朵蓝蝴蝶花的小帽。[2]

还有一种变化，其意义并不输前者，但比往年更加明确也更为普及：裙子下摆的高度明显上提了，虽然较年长的女性"还将她们蓬起的裙身保留着，到脚的

---

[1] 应指第一次世界大战。
[2] ［法］马塞尔·普鲁斯特著，徐和瑾译：《追忆似水年华（第一卷）：在斯万家这边》，译林出版社，2010年。

塞姆（Sem），《真假时髦》（*Le Vrai
et le Faux Chic*），1914年，巴黎，
法国国家图书馆

塞姆借助一身香奈儿套装，展现出线
条纤长的身体，其效果无人能及。从
女士与猎兔狗身形上的接近可以看出
这点。而他所要展现的更多。这是他
第一次特意突出了身体的张力。

高度"，甚至1908年普瓦雷在隆尚赛马场让模特展示的裙子也几乎拖在地上，只是
在腿部有所收紧。然而从1911年开始，《画报》中提到的"新时尚"明显露出了脚
踝。这种改变带来的震动相当之强烈，甚至诗人阿拉贡也因此感受到了情欲意味，
他大为惶惑，感觉自己受到了时装变化带来的巨大冲击："1915年初，我不过17
岁而已，那是第一次，男人可以在街上看女士的脚，直到脚踝的位置，我真是面
红耳赤。"

此后，时装界的旺盛创造力便使这最初的创新得以延续。布料不加衬里，使之
不至于太硬挺；半裙上会搭配一件宽松的羊毛套头衫，令针织品变成时尚单品；还
有一些独特的搭配被设计出来，以适应休闲、娱乐和运动场景；最后，一种"使用
白色面料、近乎男装的套装"，引入了一个更为自然洒脱的品牌，标志着一种风格
和一个标签的产生，这就是香奈儿。该品牌的成功有目共睹，这位女设计师也成为
公众人物。一些插画师对她大加赞赏，甚至将自己的作品变成了她的广告：

请看这件灰蓝色的连衣短裙，仿佛是被巴黎柔和的灯光染上了粉彩。这似乎无甚特别，只是一件上衣，系上腰带，搭配一条直身半裙。但这种简洁感和谐又低调，成就了一件小小的杰作！柔软的天鹅绒衣料，搭配毛皮领口和袖口而更显柔和。这位年轻女士纤弱的上半身在其中舒适地"栖居"，随着猎兔狗的步伐，她的半裙在两脚间有节奏地来回摆动着。

动态、节奏、前行，一场革命发生了：它令女性轮廓完全变样，"从帽子的形状到晚装高跟鞋的轮廓"、"无边女帽"（toque）、胸部、腰部和步伐，统一为一个整体。而连衣裙也不再是唯一方案，短外套或者套头衫都可以实现上半身和下半身的连接。

亨利·勒巴斯克（Henri Lebasque），《香烟》（*La Cigarette*），作于1921年之前，巴黎，奥赛博物馆

画中女性衣着线条流畅、鲜艳多彩，短发，胳膊和腿都裸露在外；而一支香烟给这不太对称的姿势增添了一抹自由不羁。

"户外"的胜利（1920—1945）

"女人，就是她的线条"，这句论断的地位已无可动摇。它显示出身体作为一个整体的重要性，并自然意味着，轮廓的延长和垂直性得到了更高的重视。于是，在当时最重要的潮流风向标之一《时尚》（*Vogue*）杂志中，每一期里都会出现"线条"一词。比如1920年11月刊中提到的"简单而笔直的线条"，用来形容冬季系列；或者1921年用来描述"莫林诺"（Molyneux）品牌的"纯粹的线条"；还有1925年，针对束胸沙龙所写的"线条的纯粹性"；甚或这一沙龙的观察者所做的"时尚从未苛求过如此完美的线条"的结论。轮廓线变成了一个符号，肌体赋予衣料以动感，而身形则应该成为引人注目的因素。另一个词，"活力"，也重新回到大众视野。今天，我们仍然会用这个词来评论两次大战期间的时装款式：

> 马德莱娜·维奥内（Madeleine Vionnet）的艺术，首先是活力的艺术。她的连衣裙是为了行动而设计的，私密地依据身体的形态而构建起来；而这些裙子又为身体增加了一个维度，即如古代雕塑般的轻盈感，令身体得到彰显。

自20世纪20年代开始，人们对服装的精简化和柔软化变得十分敏感，同时，这一趋势也变得十分显著。也许我们应该重申一下，这到底在多大程度上揭示了当时的一个明确的背景：动感而纤细的线条越来越受欢迎；无数文章和评论中使用"苗条"一词，来更好地强调独立性和行动力。这样的调整不可避免地带有了如下含义："我们还想让谁相信，女性审美不是文化变革最为明显的征兆之一呢？"菲

马德莱娜·维奥内，1920年夏季系列时装，"连衣裙，时装设计图"（Robes, dessins de mode），巴黎，城市历史图书馆（Bibliothèque historique de la ville）

20世纪20年代，马德莱娜·维奥内设计的连衣裙明显有一个更为倾向的维度，即垂直性。

利普·苏波[1]（Philippe Soupault）如此强调道。就此，问题还可以延续下去：与男性竞争吗？获取更多自由吗？服装的流畅感为此做出了注解，而各种描述也透露出了解放的意味。它们所参照的就是运动性和自由。

香奈儿式的女性，不是闲散的年轻女孩，而是一个面对工作的年轻女性。这个工作本身并不引人注目，也不明确，她只让人通过她柔软、实用又高贵的套装来解读她的工作；她要让人看的不是工作内容（因为穿的不是制服），而是她对自己的补偿，一种高级形式的娱乐，比如乘坐游轮、快艇、卧铺车等，简而言之，是去进

---

[1] 菲利普·苏波（1897—1990）：法国文学家和诗人。

"两个按'假小子'时尚风格穿衣的女人，斜靠在长沙发上"，摄于约1925年，匿名摄影师，发表于明信片上

1920年到1930年间，假小子风的时装力推裤装，其成功不再是秘密。男女平等要求服装有所变化。这种要求也伴随着女性地位的变化，也就是说，女性也开始参加以获取工资为目的的劳动了。

行现代而高雅的旅行，而这也是作家保罗·莫朗（Paul Morand）和瓦莱里·拉尔博（Valery Larbaud）所赞扬的。

与过去所做的事情坚决决裂，一个全新的人物成为其最好的代言人。这个人物就是维克多·玛格丽特（Victor Margueritte）于1922年发表的小说中的女主人公"假小子"（la garçonne）。公众从中感受到的女性解放气息前所未有地强烈。在作者笔下，主人公莫妮克·莱比耶（Monique Lerbier）坚持女性独立的态度，成为公司主管，争取着言论、姿态、着装上的平等，展示着性自由，风度和谈吐都自信从容。"假小子"交际、跳舞、抽烟、运动，将穿着有助于身体舒适的衣服作为必须

爱德华·斯泰肯（Edward Steichen），黑白图案丝巾连衣裙和黑色绉呢大衣，摄影作品发表于《时尚》，1924年12月8日

线条修长，短发，直身套装……20世纪30年代以前，女性整体身形趋于拉长。这样的风格无疑更接近男性衣着了；但其经过巧妙的加工，创造出了充满活力和"女性化"的优雅。

履行的原则。当然，小说的内容更为复杂。作者将莫妮克的人生轨迹视作一种"错误"，暗示生育是女性不可避免的使命，传统的婚姻才是女人唯一的宿命：这种看法在很多当代人看来都已经是闻所未闻了。其反面，也就是小说中提到的"自由"，倒成了主流。然而这自由却引起了一桩"官方"丑闻：作者的"法国荣誉军团勋章"被取消了。"反常规"主题则给小说打上了"恐怖"的烙印。但这桩丑闻却自有其意义。无论其文字如何，这部小说都透露出一种新的趣味，描绘了潜在的风俗变化，也就是行为和感知上的变化的征兆。无疑，一场震荡正在发生，而读者也确实感受到了这种震荡，以至于令这本小说广为流传。这本小说先后被翻译成12种语言，截至1930年销量达到了100万册。

而"假小子"穿着贴身短裙、胯部"男性化"、腰部隐形、长发剪短——这样的形象尤其在时尚方面产生了重要的影响。双腿露在外面，"短裙套装"（tailleur-jupe）很接近男士服装；粗毛线衫和带领子的衬衫，还有短裙裤甚至长裤也进入了女性衣橱。最后，女式套装线条无限拉长，而忽略了腰部，比如1929年"小跑套装"的样式。而作为新式修长线条的代言人，加布丽埃勒·香奈儿有时甚至会从她爱人衣橱里的衣服款式中寻找灵感。在1936年让·德利穆（Jean de Limur）执导的电影《假小子》（La Garçonne）中，玛丽·贝尔（Marie Bell）穿着一件宽松的无袖衬衫，下身是白色法兰绒阔腿长裤。而"紧身连衣裙"（robe fourreau）这件坐标性的单品，无论其象征的意义如何，都成了这样的女装形象中的主角，也因此得以使用各种特殊的面料和加工方式："巴黎女郎热爱那来自东方的褶皱[1]。有些前所未见的丝绸连衣裙，能够帮助女性彰显苗条身材。""直身罩衫"也对这种风潮进行了具象化，例如设计师比洛（Pierre Bulloz）那"纤长而柔软"的设计，或者那些旨在方便活动的"筒裙"（robe tube）："最好的连衣裙能凸显的线条，既是流畅的又是动态的，能完全和谐地配合她身体的柔软曲度。""银幕红人"，比如葛丽泰·嘉宝（Greta Garbo）或者路易丝·布鲁克斯（Louise Brooks），她们的照片印证了这样的形象。杂志中频繁出现的插画也印证了这一点：对那些流畅、纤长的裙子线条来说，有时绘画的表现力反而较摄影更胜一筹，因为前者能更好地还原那些富有张力的理想画面。这样的连衣裙还作为唯一的女装款式，以精致的版画形式出现在1931年的《巴黎指南》（Paris Guide）中；其"线条自然而和谐"，多亏"马德莱娜·维奥内和香奈儿小姐提供的灵感"。招贴画则是传播时髦形象的优质窗口：比如1929年来自美国的一张招贴画中，一个苗条身影迎风而立，骄傲地展示着来自"施特

---

〔1〕指丝绸所产生的褶皱。

葛丽泰·嘉宝，1927年在埃德蒙·古尔丁（Edmund Goulding）执导的电影《安娜·卡列尼娜》（Anne Karenina）中

自20世纪20年代中期开始，通过葛丽泰·嘉宝和路易丝·布鲁克斯等女演员，电影将假小子风女装在国际上推广开来。

约1928年的路易丝·布鲁克斯

让·唐（Jean Don），《戛纳棕榈滩赌场》（*Palm-Beach Casino, Cannes*），1935年，广告招贴画，由德旺贝（Devambez）版画制作，巴黎

无论什么季节，什么样的动作，女子的衣装肯定都紧贴身体。流畅的直线条轮廓已经取代了蓬起的轮廓，活力也取代了静态。

利丝绸"[1]（Stehli Silks）的那短而贴身的丝质连衣裙；或是1935年来自戛纳棕榈滩（Palm Beach）的招贴画上姿态欢悦的女子。最后还有一个重要的例子，便是20世纪20年代由路易·瓦莱（Louis Vallet）创作的《姿态之歌》（*Chanson des gestes*）。在这幅关于动作的绘画作品中，插画家精心描绘了裙装女子的各种形态，附加的一句评论则玩起了双关的文字游戏："巴黎女郎的几种态度，无不在表现她们从头到脚都是智慧。"而下摆确实"提高"了的连衣裙因为下半身逐渐出现的纺锤线条，也令女性形象更添高雅。20世纪初发明的人工丝绸，使流线型的连衣裙更加普及，也令曲线毕露的着装方式更加普遍。

---

〔1〕1837年创立于瑞士的丝绸衣料制造商，1897年于美国创立的分部后来成为世界上最大的丝绸制造商之一。

裙子的文化史

面对这样极致的纤长身段，抵抗力量必然存在。不满的情绪在表露、扩散，印证了能在1920年到1925年间感受到的明确分歧："一个女人真的能为了顺从时尚，而允许自己变得如此丑陋吗？"这类言辞甚至会非常激烈，比如来自老兵们的批评；在1920年的一篇文章中，他们就责备"现在的"女人"赤裸裸地展示诱惑"。埃米尔·昂里奥也引用过一段顾客和其裁缝之间的滑稽对话，用来嘲笑这种"紧身装"：

> ——这条连衣裙可真贵！您又涨价了吗？
>
> ——没有……只是，女士您应该知道，衣料越少，裙子就越贵呀！

甚至对新事物极为敏感的科莱特[1]（Colette），都在她20年代的作品《自私之旅》（Voyage égoïste）中，对"纺锤身形"的女人进行了冷嘲热讽："您应该当条香肠，您定会成为香肠。"

然而这样的廓形已经地位稳固，也趋向愈加飘逸，离开始那种"干瘪的几何体"越来越远，变得更为流畅、"修长"。基斯·凡·东根（Kees Van Dongen）的肖像画对这一点的展现出类拔萃，拉布勒（Laboureur）的风景画也是如此，在《向灯塔漫步》（La Promenade au phare）中，就出现了诸多线条垂直的身影。文学家保罗·热拉尔迪（Paul Géraldy）也试图用他的方式展现战后的新人类；在他的描述中，她们的姿容已经天差地别："获得自由的男人们归来了。他们发现那许多女人咄咄逼人、毫无耐心并理所应当的样子……年轻的女孩……衣着暴露、涂脂抹粉、尊称欠奉……而男孩子也依法炮制。"

新轮廓当然会对文化造成影响。男女的姿态更加接近的情况不断重现，是心甘情愿、有意而为的；1922年的《美丽色调》（Gazette de bon ton）杂志展现了德耶（Dœuillet）设计的连衣裙"卡利纳"（Caline），其画面中的情景便是如此。图中男女二人的线条都纤长而直，他们将修长的身材贴靠在一起，和谐之感犹如融

---

[1] 科莱特（1873—1954）：法国著名女作家。

Pour appeler un taxi.

Pour maintenir le col fermé.

Pour montrer.....que la mode est charmante !

de profil aussi

Pour fermer un petit bleu

Le manchon n'est pas mort et le geste est charmant

Les mains sans les poches

Pour s'enveloper de l'écharpe

Pour rattacher la jarretelle.

L.Vallet

QUELQUES ATTITUDES OU LA PARISIENNE MONTRE QU'ELLE A DE L'ESPRIT JUSQU'AU BOUT DES JAMBES

路易·瓦莱,《姿态之歌》,出自《巴黎生活》,约1930年,巴黎,法国国家图书馆

图中女性纺锤形的身形凸显着她们的凹凸曲线,呈现出当时的典型形象,而多样化的视角也是为女性的动态所作的颂歌。

　　　　　　　　　　裙子的文化史

"卡利纳，连衣裙由德耶设计，男装来自拉森（Larson）"，《美丽色调》，1922年8月，第43页

并非雌雄同体，尽管其中女性的线条具有"瘦长"的特征，并且其垂直向的拉长线条仍是其中柔和的一方。而女性的"第二性症"相对隐形，也暗示了女性更多地投入各种活动。

为"一体"；他们共享着同样的活力，也展示着同样的轻盈感。"纤巧感"也成为女装的重要元素，比如1938年出现的"埃尔莎·斯基亚帕雷利（Elsa Schiaparelli）的玫粉色丝绸上衣"，搭配以"杂技演员形状的金属扣子"，略收紧腰身的设计显得十分轻盈。

影响也是社会性的，比如《女工人》（L'Ouvrière）这样的通俗出版物便体现了这一点。这本在"疯狂年代"[1]（Années folles）出品的刊物中，女性形象也反映了同样的变化；虽然在农业阶层，状况还与此相距甚远。

新变化还有一个决定性的指标，就是保罗·瓦扬-库蒂里耶[2]（Paul Vaillant-Couturier）在1935年的《人道报》（L'Humanité）中进行的肯定："精心打扮确有必要，甚至是基本需要。"《君福》（Votre bonheur）杂志也对其进行了展示：1938年，杂志推荐了一些"纺锤"形连衣裙，认为它们适合多种职业，也由此发明了一个新的名字——"职场连衣裙"（robe de travail），并使之成为符号。该款式从多个角度对纤长的线条进行了认证，只是根据不同的工作性质对款式进行了微调；而且也都试图将美与职业结合起来，每一种职业风格都得到了清晰的展示，比如"打字员""大商场的售货员""银行职员""广告业的女裁缝""甜品店的售货员"等。《费米娜》（Femina）杂志甚至自称发明了一种新的"运动"，认为它在"年轻一代"中体现明显，这就是"既能工作，又能保持优雅女性姿态的艺术"。轮廓的变化实际上也伴随着地位的变化。事实摆在眼前，不容置疑："女性工作的这整个革命……让那些视力正常的人，或者至少号称自己不瞎的人看到，当今世界，再没有什么现象能产生如此革命性的后果。"

也许我们还得再强调一下，这样的流畅感和它所暗示的束胸衣的退场，是否意味着身体无所依托了呢？非也。束腰（la gaine）出现了。它的材质充满弹性，既纤薄又柔软，在某些情况下取代了那被抛弃的旧式约束。它没有任何硬挺之处，材质设计考虑到了接触身体的质感，活力仍被放在首位。1936年，《法国趣味》（Plaisirs de France）杂志不失浮夸地说道："丝滑的束腰，令连衣裙可以无比轻易地滑上身……身体线条得到了自由，在众望所归中逐渐清晰。"

然而，身体或社会方面的"解放"都是相对的。表象当然不是唯一的真相，它会产生欺骗性，掩盖"某些根深蒂固的传统习俗"和旧日的依附模式。比如，女性就业者的数量是在增长，但其中已婚妇女很少：1931年时，有12%的美国和意大

---

[1] 指法国的20世纪20年代，该词用来显示这个时期丰富的社会、艺术和文化创作与合作。与美国的"咆哮的20年代"相呼应。
[2] 法国作家，曾担任《人道报》主编。

基斯·凡·东根，《巴黎美人》（*Les Belles parisiennes*），约1930年，私人收藏

这幅油画的核心是形体的纵向伸展。此外，人体获得了胜利，可见画中"赤裸的"女性和"穿衣的"女性在轮廓上严格一致。

埃尔莎·斯基亚帕雷利，一件女装上衣的局部特写，约1937年，纽约，大都会艺术博物馆（Metropolitan Museum of Art）

柔软的衬衣保证了舒适度和行动的便利性，从此开始成为女装上衣的代表。它所具有的女性气息来自纺织用线、颜色，甚至是特殊的装饰。

利已婚妇女拥有工作，英德两国有15%，法国已婚妇女拥有工作的则有35%。弗雷埃尔（Fréhel）、达米娅（Damia）、米斯坦盖（Mistinguett）和比阿夫（Piaf）这些两次世界大战期间的女歌手，虽然做出了不少颠覆性的行为，但都承认自己仍然依附于丈夫。在1932年的电影《如你所愿》（*As you desire me*）中，葛丽泰·嘉宝扮演的角色将这种依附关系总结如下："我一无是处，一无所有；接受我，塑造我，如你所愿。"

　　而在两次世界大战期间，连衣裙的修长化已成定论。它可以被理解为一种期待、一种呼吁和一种张力，目标是女性渴望拥有却还未实现的事物：一种象征性的自由，而非真实的自由。线条和行动仍只是先驱者的符号，是对独立性的具象化；这是一种"野心"，某些女性已经做到了，另一些人则刚开始想象。解放是事实，

妮科尔·格鲁（Nicole Groult），《最新运动……或者既能工作，又能保持优雅女性姿态的艺术》（*Le dernier sport...ou l'art de travailler en demeurant une femme élégante*），《费米娜》杂志，1928年，巴黎，法国国家图书馆

1928年的《费米娜》明确地尝试着将优雅的着装和工作装进行融合。连衣裙从前是以塑造装饰品为目的的，现在则为各种活动而生。

但也明显受到了局限："仿佛是争取到某些权力。至少是拒绝了束胸衣，能迈开大步走，能放松肩膀，不用再束紧腰部。"围绕着这些坐标，在1926年出现了"香奈儿的小黑裙"。其极简的风格，配合身体的形态，用绉纱剪裁出修身效果，圆领贴颈，裙摆及膝，几乎成了"永不过时"的款式，但又会根据季节做出无尽的变化。而奥黛丽·赫本更在1961年通过电影《蒂凡尼的早餐》（*Breakfast at Tiffany's*）中的霍利·戈莱特利（Holly Golightly）一角，将小黑裙变成了偶像级的裙装。这部电影由布莱克·爱德华兹（Blake Edwards）执导，改编自杜鲁门·卡波特（Truman Capote）的一部短篇小说。

除了更具活力的轮廓，我们也不可能忽视另外一种变化，一个令两次世界大战

玛吉·萨尔塞多（Maggie Salzedo），《乡村或海滨服装》（*Toilettes de campagne et de bains de mer*），约1920—1925年，卡纳瓦莱博物馆（musée Carnavalet）

线条流畅，鲜见腰线，面料垂坠，20世纪20年代到30年代期间，连衣裙完成了它的革命。工作和娱乐都对此做出了贡献。

期间的女性身姿更为活跃的变化，即沙滩休闲时光和娱乐活动的增加。《时尚》杂志1937年8月刊的封面便成了这种变化的标志：它以波提切利（Botticelli）笔下的维纳斯为灵感，描绘了一个穿着紧身泳衣的轻盈身影，正从沙滩上放着的一个巨大贝壳中挣脱而出。这与《维纳斯的诞生》的区别十分明显，封面中女子的身体不是站在贝壳上，而是自由地飞翔在贝壳上方。她周身不再被云雾环绕，而是裸露着身体。凹凸有致的轮廓与不够清晰的轮廓形成了鲜明对比。

这样的变化并非仅限于对文艺复兴时期油画的"再创作"，穿紧身泳衣的美人鱼，也刷新了20世纪30年代对身体的审美：流线型的双腿、琥珀色的皮肤、纤细

裙子的文化史

而富于曲线的身体，她站起身来，摆脱了一切桎梏，赞颂着美的新方向。维纳斯已经征服了"户外"，让自己的身体拥抱季节的变化，直面气候，将自己的皮肤变成美的前线；而从前无法想象的轻盈服装，终于变成了不容置疑的要素。

跟夏天有关的评论不断地提起这样的衣着，赞美着"裸露的肌肤"和"轻盈感"，这也对服装的剪裁和轮廓产生了影响。展示部分"无所遮蔽"的身体，其实就意味着让身体的轮廓变得更明显，同时接受它的需求，或者保证它对自己的掌控："夏天，我们身上衣着的轻透，出卖了身体的线条，也让我们注意到了这线条。"泳装以及"户外"装采用了各种"紧身的"、纤薄的款式，各种"实用、简单和时髦高于一切"的装裹，都是在轮廓和精简上做文章。这方面的变化非常之大，以至于"遮盖多的"衣着似乎可以用来晒日光浴了："只靠服装就可以确定，这是要去游泳还是日光浴。"

20世纪30年代，"户外"一词几乎成了时尚和服装领域的常见词：平纹针织布料用在户外，以阿尼·布拉特（Anny Blatt）为代表的编织连衣裙用在户外，"普瓦里耶（Poirier）衬衫上的粗条纹"用在户外，可见"上山"或"入海"的暗示相当不少。运动终于首次成为许多时装款式的核心。让·季洛杜[1]（Jean Giraudoux）曾于1928年表示，时尚"为女性带去了让她们可以跑、跳、游泳的服装"。苏珊·朗格伦[2]（Suzanne Lenglen）将让·帕图（Jean Patou）设计的及膝百褶裙和无袖开衫引入了网球场，在城市中她也可以尽情展示巴黎设计师设计的轻盈而修身的连衣裙。而让·帕图本人在为"优雅的女运动员"设计了专属衣柜后，也在努力将运动和比赛领域的着装带向日常。

在之后的战争年月里，时尚领域的黯淡显而易见。香奈儿时装屋在1939年关了门，维奥内则在1940年跟随其后。一些设计师逃到了美国。原料稀缺、配给制令这种黯淡雪上加霜，现实打败了幻想。法国战败、物资匮乏和对道德的焦虑情绪，刺激了社会的"监管意愿"，甚至产生了关于服装的禁令。自"1940年夏天出

---

[1] 让·季洛杜（1882—1944）：法国外交家、编剧和作家。
[2] 苏珊·朗格伦（1899—1938）：法国著名网球运动员，世界上最早的体育明星之一。

苏珊·朗格伦，法国网球公开赛，罗兰·加洛斯（Rolland Garros），1925年7月

关于运动装和日常装廓形之间的交流，苏珊·朗格伦的着装堪称典范。

台反对短裤的广告"开始，"严厉"的风气扩散开来。而直线廓形却保留了下来，2013年在里昂举行的展览"献给您，女士！战争时期的时尚"中，展出了一件用"家具用天鹅绒面料"制作的套装，这一套装正是这样的线条："分寸感、审慎、朴素是其主要特点。"服装轮廓凝滞了，线条减少变化，仿佛是从过去"诸革命"中获取的灵感。半身裙式样"简单"，长度及膝，上衣线条僵硬，甚至裙裤也因为要骑自行车得到了普及。1944年，由法国女演员米切林内·普雷斯利（Micheline Presle）主演、雅克·贝克（Jacques Becker）执导的电影《装饰》（Falbalas）在百代电影公司（Pathé-Cinéma）的影棚中拍摄完成。虽然电影基调偏阴郁，却表现出一种意愿，即保持自20世纪20年代以来出现的时装轮廓。然而，在英国和法国却存在着同样一种时尚，卡罗琳·布斯比布（Caroline Bousbib）称之为"实用主义时尚，剪裁极简，面料粗劣"。

"时尚女装"公司的款式，20世纪40年代

第二次世界大战期间，冲突所强加的限制似乎并没有影响到美国时装。通过这样一幅极具吸引力的广告，我们可以看出，这里继续推行着轻盈的面料和流畅的轮廓。

"裙裤：玛塞勒·多尔穆瓦（Marcelle Dormoy），帽子：阿涅丝（Agnès）"，1940年，巴黎

第二次世界大战期间，因为潜在的审查、原材料紧缺、严格的朴素要求，一股严峻的气氛笼罩着法国；而"舒适的"直线条服装则保留了下来，比如为了适应自行车而出现的裙裤，变成了极为普遍的单品。

而20世纪40年代的美国服装则相反，是生机勃勃地在对早前的"发现"进行印证。比如时尚女装（Fashion Frocks）公司于1943年推出的款式，一条轻盈的及膝连衣裙，便是很好的例子。这个"很受欢迎"的款式用了浅橙底缀白点的面料，裙摆可以随风摇动，但仍然贴合身体的曲线。另一个例子是1941年伊莱克斯（Electrolux）公司的一则电冰箱广告，画中一名年轻女子穿着一件直身连衣裙，橙色棉布质地的裙子打着精细的褶子，正在欣赏自己的新冰箱。美国甚至还进行了一些先驱性的试验，其中试图追求的舒适性似乎也得到了认可：比如1942年10月，一位女工人在休息期间穿着牛仔裤享用她的咖啡；或是1942年，女性在海滩上穿着轻薄的紧身上衣，身体近乎赤裸。可见，某些廓形已经落地，一种身姿也已经奠定了地位，它们代表着解放和"自由"。1946年，莫里斯·舍瓦利耶[1]（Maurice Chevalier）曾表示说："美国女性似乎更美了。"

《午餐休息时的女工》（*Femme ouvrière, lors de sa pause déjeuner*），道格拉斯飞行器公司（Douglas Aircraft Company），1942年10月，加利福尼亚，长滩（Long Beach）

为了适应新的女性工种而出现的功能型着装大行其道：这类服装首先在美国社会获得了稳固的地位，其中牛仔类服装大获成功。这样的情况开始出现在世界各地，并于20世纪60年代在欧洲变得普遍。

---

[1] 莫里斯·舍瓦利耶（1900—1970）：法国歌手、演员。

第 **6** 章

个性化、折中主义、敏感性

模特穿着一件橙黄色和白色印花的连衣裙，搭配同款短外套、帽子，约翰·弗雷德
里克·查尔默（John Frederics Charmer），《时尚》，1956年

裙子的文化史

　　纤细的身形已经明确地成为最重要的准则。它"升华"了连衣裙，为其锦上添花；它令连衣裙更有力、修长，远离了传统上通过纤瘦的身材表达出来的、旧式的脆弱感。这样的身形也应该是轻盈的、充满活力的，象征着新的女性理想，即可以胜任"全方位的"活动，与男性平等地撑起世界。姿态的"解放"也自此加强，并变得更加复杂；而女性通过超短裙、丝袜和短裤等形式，对情欲进行了有意识的表露，自我表达也更为从容大方，甚至是"性感的"——这些都得到了接纳。此时的关键，是身体线条通过舒适度和流畅性，前所未有地强化了垂直性，以及实现了前所未见的柔软度。而这绝对是有关裙子历史的具有标志性的时刻：连衣裙可能要退出历史舞台，让位于长裤、百慕大短裤、牛仔裤，这些裤装均以最为纯粹的形式炫耀着自己的存在。连衣裙长久的传奇故事正在改变方向。一种新的服装强势登场，靠一己之力，完结了一种存在已久的动力。

　　这一历史也变得更为复杂，因为它进一步容许着那些特殊的偏好、个人化的品味，以及对特立独行之路坚持不懈的追求。它与一个更为个人主义的社会共生，其物质宇宙中的物品随着消费状况、对"欲望"的逢迎和选择权的增强愈加多样化起来。由此，也打开了一片前所未见的新天地，重置了服装文化，更关注对内在的影响、由面料引起的感受、因衣着而产生的情绪，以及探索舒适享受的特殊期待。由此也产生了这段历史的终极反转：长期以来，"外表"只定位于外部，用来取悦视觉；而这一长久以来从未得到质疑的、极特殊的游戏，在经过完全的重新解读后，转向了内部。

自在与性感之间（1945—1965）

第二次世界大战后，法国的杂志似乎都首先应用了"解放"这个符号。"巴黎重生了"一度流行开来。"呼吸自由"这种表达也深入人心：1945年1月的《时尚》杂志甚至用两页纸的篇幅对此进行了详细解释。1947年2月12日，克里斯汀·迪奥（Christian Dior）在巴黎蒙田大街30号开张了一年的店铺中，举行了品牌的第一场时装秀。此时，时装领域的创新虽然排场很大却面目模糊。共襄盛举者貌似深受吸引，但又不置可否，又或者大吃一惊：为时装表演开场的女模特由细细的腰带束紧的腰身。模特胸部的玲珑曲线得到了充分的强调，肩部线条精致、圆润；奶油色的外套下带着燕尾，用旧时的方式令胯部鼓起，黑色的半裙向下撑开，接近地面。这一蓬开的轮廓描绘出"花冠"的形状，而对该系列的介绍中也确实提到了这个词。这样的廓形应当是借鉴了过去，即紧身上衣和上浆的裙撑的"线条"及其束缚感。为了实现半裙的蓬起状态，需要15米到25米的面料，来铺展开花冠的形状，并且整体使用了"绢网做里衬来增加体积"。此外，当天的80位模特身上还穿着无数来自战争的降落伞布，以及布萨克（Boussac）公司的面料。束胸衣的轮廓也浮现了出来，虽然它似乎已经被遗忘了。替代它的是"蜂腰紧身带"（guêpière），即紧紧系在一起的松紧带，任务是勒出"黄蜂腰"般的纤细身材。纤细与蓬起交织在一起，而公众的心醉与抗拒之情也如是。

面对这样一场时装表演，意见势必难以统一。某些"反对意见"浮出了水面。一些妇女到迪奥公司门口"静站"示威，抗议滥用面料和重拾旧日的廓形。在美洲和英国，一些关注巴黎时装屋的妇女也表达了自己的反对意见，认为裙子长度多余，掩盖了双腿。来自美国的一个批评意见强有力地谴责了品牌的一项"疏忽"，

模特穿着下身蓬起的短袖红色连衣裙，西尔维娅（Sylvia），《市场时尚》（*Mart Fashion*）杂志，1951年10月

第二次世界大战之后，花冠或是花朵的标志性形象在法国又重新找到了些许荣光。苦难和贫困的年月之后，也许回归传统会让人更感"可靠"。"底座"形象似乎又变得光明正大了。然而这一现象并不明显，也并不长久。此时的花冠裙也是为了方便跳舞而存在。

即忽视了"现代女性"的顾虑。更妙的是，有两个人同谋，在巴黎的某条街道上扯烂了一件此类"典型"的衣服，而《巴黎竞赛画报》（*Paris Match*）则将抓拍到的瞬间发表了出来。过去似乎又吸引了人们的眼光：传统女性气质与此时的贫困和朴素相对照，形成了巨大的反差；花冠，或者说花朵作为标志性的形象，挥霍使用的布料中盛放着旧日的君权，其自带的"诗意化"，与20世纪40年代的悲观与伤痛形成了鲜明对比。一种对女性的理想，甚至"非现实"的意象，夹带着"精致感"卷土重来。底座的形象，和某种"女性气质中的永恒"一直都潜伏着，可叹虚构形象的生命力如此顽强。而迪奥品牌坚持传统，誓要复活一种"令人愉快的艺术"："紧缩、萧条、配给、困顿，这些篇章最终都会过去。"

威利・迈瓦尔德，迪奥套装（Tailleur Bar），
1947年1月

迪奥于1947年发明了这一廓形，并冠名以
"新风貌"；它展开的燕尾和裙褶极多的下裙
包含了对过去的参考。但同时，也同样是在
迪奥，所用的轻盈面料和另一种着意垂直向
的线条，则是大有前途的创新之举。

　　在1947年3月22日的《世界画报》（*Le Monde illustré*）中，吕西安・弗朗索瓦
（Lucien François）给出的解读颇有"性别歧视"之嫌："人类的境况越严峻，朴素
之风影响就越深，那么男性伴侣就越能够通过安抚作用和温柔光芒显示出其伟大。"

　　然而现在与过去的交汇是更为精妙的。时代的特性无可避免地为其注入了细微
的差别。1947年的廓形并没有其灵感来源那样的僵硬感。这些衣裙更为灵动，可以
伴随舞姿，突出身体曲线，力求"展示女性身体的匀称美观"。有受众从中找到了
一种活力，在对新式活动的狂热情绪中，将这样的裙子旋转了起来："热衷洛卡比
里[1]（rockabilly）的年轻姑娘穿上花冠裙去跳舞，便让这种廓形流行了将近10年。"

----

〔1〕早期摇滚乐形式，20世纪50年代发源于美国。

克里斯托伯尔·巴伦西亚加（Christóbal Balenciaga），晚礼服，1957年，上身为淡粉色塔夫绸，覆以奶油粉色蕾丝并绣以珍珠和仿宝石玻璃，下身为孔雀蓝丝绸泡泡纱，巴黎，加列拉博物馆

20世纪50年代，克里斯托伯尔·巴伦西亚加从迪奥"新风貌"中吸取灵感，推出了这样蓬松撑起的下裙，但其面料的轻盈感和"毛茸茸"的质感更多是为了配合舞蹈，而非强调静态。

新意融入了传统之中。设计师对这样的"混合体"喜闻乐见："20世纪50年代，最自然的女性也被装在底座上；对古代的崇拜和最大程度的现代化手挽手，成就了一种心醉神迷的气氛；而女性就在这种气氛中被重新美化。"《时尚芭莎》(*Harper's Bazaar*）美国版的编辑卡梅尔·斯诺（Carmel Snow）则创造了一个名称，在今后很长的时间里，成为这种创新款式的代名词，这就是"新风貌"（new look）。而威利·迈瓦尔德（Willy Maywald）在塞纳河边为模特拍摄的一张照片，则令这种风格成为不朽：女模特看起来确实像穿了束胸，但也纤细、高雅；这张照片如今在品牌的档案里仍时时出现。法国版《时尚》杂志的时装总监贝蒂娜·巴拉尔（Bettina Ballard）甚至为此使用了"革命"一词：

我们见证了一场时装世界的革命，同时这也是一场时装展示方式的革命。

成功毋庸置疑。新风格得到了接纳。花冠形状旋转自如、飞舞轻盈，如雾般轻柔，并不显得僵硬、厚重。巴黎世家（Balanciaga）等其他品牌也在20世纪50年代采用迪奥那撑开的廓形，使用"薄罗纱（marquisette）、绢网或尚蒂伊花边，以及它们造成的阴影和朦胧效果"，就是取其轻盈之感。此外，这样的廓形以及这样的面料，用在较为大众的版本上，便平生了几分趣味性。比如1960年的《时尚小回声》（Petit Écho de la mode）杂志中那些五颜六色、姿态活泼的及膝裙，穿起来颇有洒脱、伶俐之感。

需要提醒的是，自1947年的迪奥首秀以来，实际上并存着两种廓形，虽然其中之一更受瞩目。它们分别体现着"撑开"与"收紧"，伞与柄，花与茎。迪奥则称之为"花冠"与"8"。1948年的《时尚》证实道，新廓形"不是单一的，而是双重的"。其中第二种廓形是"直"线，其代表是人鱼半裙，主要偏向日装、实用和活动：奥黛丽·赫本就是以这样的打扮出现在1954年的电影《龙凤配》（Sabrina）中，扮演了一个在巴黎学习烹饪的乖女孩。连《时尚》杂志都用"锐不可当"来评价这个造型，随后出现在巴黎的大街小巷，展示出流畅而直的线条，满溢的活力和能量清晰可见。这样的形象同样深入人心，又更加亲民，用优雅的笔触为旅行、活动和职场增加了色彩：

> 管状线条是那么优美，又施展着不可思议的魔力，打造无比雅致的形象。在全身照上，我们可以微微将上身转向后面，两腿前后交叉。我们热爱那些修身而纤长的铅笔裙，它们先是搭配燕尾收腰上衣，到了40年代末又搭配不加腰带、身后翻成虹桥状的短大衣，或者背后鼓起的短外套。

20世纪50年代，裙套装成为展示女性线条的最佳衣着。1951年的《时尚》提

模特穿着蓝色羊毛套装,其中外
套为长款,戴着有黑色装饰的草
编贝雷帽,搭配同款手袋,摄影
作品发表在1955年1月的《时
尚》杂志中

尤其为功能性而生的收腰裙套装
在20世纪50年代大行其道。充
满活力的舒适感和对身体线条的
强调是这种廓形的核心。

品牌魏尔的广告，1955年

成衣的发明在20世纪50年代具有决定性的意义。面对新廓形，新的风潮也应运而生；而面向大众的版本则自动提出了"实用"和"符合美学"的双重要求。

到，"裙套装受到了前所未有的欢迎"：其线条在腰部收紧，搭配低调的窄边软帽和贴身的半裙。还有一些特殊的调整手段经过思考应用在裙套装上，以增加其舒适度，也证明了当时对便于活动的关注："半裙是新时尚中的重要元素，其构造总是为了更方便行走，这也多亏了一些剪裁上的巧妙手法。"活力俨然已经成为审美中不可缺少的一部分："若要美，就得知道如何移动。"1950年夏天，《时尚》如是说。年复一年，那些所谓"新"的"线条"展示的无非就是这一点，并指出行动和活动具有同等优先级。20世纪50年代前后，迪奥所设计的"新风貌""管子""曲折"以及"套头衫"都是此类例子；而在这个年代里，其他品牌也推出了表达这种理念的时装系列，比如"停与走"（斯基亚帕雷利[1]，Schiaparelli）、"卷曲"（法特，Fath）、"环形运动"（马塞尔·罗沙，Marcel Rochas）、"鱼雷"（帕坎，Paquin）、"箭"

〔1〕 与后文"法特""马塞尔·罗沙""帕坎""雅克·格里夫"等均为品牌名。

裙子的文化史

（雅克·格里夫，Jacques Griffe）等。

对方便身体活动的要求，结合了妇女"解放"的要求：从1950年开始，这一既定的原则便不停重复，开始令人厌倦。而"自由"一再复兴，不断得到重申，这一程式便是红线。每一个创新似乎都能代表"首次"颠覆行为，每一个新的发现仿佛都算巨变。2017年在纽约举行了一场展览，声称"1957年到1968年，一些年轻的法国设计师在时装世界掀起了革命，因为他们用衣服解放了女性"。这场展览便是秉承这一观点，也被认为是带有了同样的成见。

这些断言也许显得聒噪了，但它也跟一个更加开放的市场提出的要求有关。这样的解放是由许多彼此相继的"变动"构成的；与此同时，普瓦雷则已经"以自由的名义"行动，去掉了束胸衣。

这是由逐渐的、持续的更新所构成的整体，我们要追随这个过程；而1950年到1960年这一时期则在其中扮演了特殊的角色。如此看来，成衣（prêt-à-porter）的出现便是一个无可否认的创新。是时装品牌魏尔（Weill）于1949年将这一表达方式传播开来：这家公司销售的服装是通过机械化制造达成的大批量产品，所针对的客户群是购买力增加了的中产阶级。而其销售的款式则并未突然产生什么革命性的变化。长久以来，大牌时装屋及其产品都为裁缝提供着可供参考的典范。而现在，一个新的宇宙产生了，可供迷恋的新方向出现了。1958年10月6日出版的《她》（Elle）杂志完美地抓住了这一要点：

> 在法国，只有4000位女性能够负担得起高级定制服装。但另外的那1300万名女性呢？她们懂得了成衣的意义。不管经济状况如何，您都能买得起一条"完全做好了的"连衣裙（从1956年5月到1957年5月，销量达1040万件），并且承认吧，您更喜欢的就是这样的裙子……您买的这条裙子紧跟着高级定制的节奏。一位设计师把它设计出来，打样师做出了纸样，裁剪工将面料裁好，女工将它缝起，装配工将它组装完整，生产负责人对它进行审查，并经过"验收"。什么样的工匠有能力将如此多的才能集合在一起呢？

《时尚园地》头版，1956年11月

20世纪50年代，广告似已排除了完全静态的画面。连衣裙必须展示它对多种多样
甚至最无法预期的身体姿态的适应性。

这样的迷恋也在不知不觉中孕育出其独有的特点，其中当然有审美方面的，但也有实用层面的，比如服装易于打理和穿着的属性。于是，时装杂志也慢慢反映出这些基本属性，通过跟家庭空间、娱乐、工作和各种活动产生联系，强调出其独特的姿态。它们追求梦幻感和轻盈感。通过模特的展示，杂志中也出现了一些令人意外的身体姿态，暗示了疲劳或是舒适的状态。1954年，《女性、美与优雅》（*Femme, Beauté, Élégance*）杂志声称面向"优雅而务实的女性"。1951年，《今日女性》（*Femmes d'aujourd'hui*）杂志推荐了一些"优雅而实用的羊毛连衣裙"。热衷于新兴词语的《嘉人》（*Marie Claire*）杂志，赞扬"生动活泼"、适合任何场合的连衣裙："百褶裙或双层百褶裙，可于一天中的任何时刻穿着。""简约"一词也回到了对衣着的描述中，暗示着其完全服从于功能性的意思。1956年11月出刊的《时尚园地》（*Jardin des modes*）杂志则完全按照字面意思演绎了这种风格。杂志封面上，一位年轻的姑娘坐在地上，穿着一条剪裁非常合体的柔软连衣裙。内页则展示了她的各种姿势和动态，有走有跳有蹲，有伸长腿休息的样子；连衣裙弹力上佳，所以在任何活动中都能熨帖地配合身体线条。

　　而创新对视觉效果的要求与对展示方式的要求一样高，新式衣着所嵌入的场景也应该充满活力。一条连衣裙以纪梵希（Givenchy）的某个款式为灵感，能够让人"猜测身体的形态，而非展示设计图样……生动而柔美，巧妙地造成无法定义的效果"。于是，裙子因为整体足够"模糊"，便可以更好地适应形体的活动性，柔软性的作用便更提升了一个层次。还有一个创新是所谓的"口袋连衣裙"（robe sac），这个在20世纪50年代大获成功的设计脱胎于这样一个款式：完全不收紧腰部，给予身体活动极大的自由，保证了身体线条的展现；而动作和活动越多，该款式就能越好地展现身体。

　　还需要强调的是，裤装出现得越来越多，而且其廓形在慢慢地向纤细修长的方向发展。服装的整体为裤装赋予了更多活力，使身形更为轻巧。随着"踏脚裤"（fuseau）在20世纪50年代初期出现，滑雪服便响应了这种廓形；而夏装的设计也跟随了这一年代的风潮，变得更为紧身［比如雅克·埃姆（Jacques Heim）或让·帕图设计的款式］，有时还会采取开衩的形式，以便增加舒适度。自1950年开

丹尼斯·斯托克，"在《龙凤配》拍摄过程中，奥黛丽·赫本站在华尔街上"，1954年，纽约

20世纪50年代，奥黛丽·赫本穿着裤装在纽约城中散步，她的这身装束在20世纪后半期受到大范围的模仿。其创新之处不过在于深刻颠覆了女性与连衣裙的关系，将对舒适性的要求和男女平等的诉求结合到了一起。这身装束提供了一种新的线条，将活力和女性气质结合到了一起。

裙子的文化史

始，裤子的款式越来越多，比如"夏季裤装""适合各种天气的海边裤装""防雨裤"等。然而，奥黛丽·赫本于1954年10月在城市中身穿紧身裤，却被视为大胆之举："女人采用了男人的裤装后，将其变得越来越紧身；而当奥黛丽·赫本穿上裤装以后，又将它淬炼成最精简的表达。"当这位女演员在曼哈顿街道上散步时，摄影师丹尼斯·斯托克（Dennis Stock）为她拍摄了照片。照片以纽约的建筑作为背景，衬托出她纤美、轻盈的身姿，暗含雌雄同体的意味。

设计师克莱尔·麦克卡德尔（Claire McCardell）作为代表"松弛的美式造型（american look）的重要人物"，擅长在运动装上做文章。20世纪50年代中期，她大胆创造出裤脚到脚腕之上的柔软裤装，因此大获成功，也推动了对传统意义上"男性"款式的有意识的运用。此外，她还懂得将关注点吸引到服装的变动和独立性的变动的联系上："运动装对我们生活的影响可能超过了所有其他因素，它让我们女性变得独立。"

前所未见的原料加入了服装的更新旅程，一切都以流畅性为目标。尼龙最先引起了震动。合成纤维的发明则将这种影响延续了下去。在实验过程中，发明越来越具体化。从20世纪50年代开始，丽绚（Rilsan）尼龙粉、含氯纤维、聚酯纤维、丙烯酸、凯夫拉尔纤维、诺梅克斯（Nomex）弹性纤维、奥纶等材料，使得轻盈的面料更有弹性，更加耐用。世界闻名的合成材料生产商杜邦·德内穆尔（Du Pont de Nemours）公司甚至大胆投入制造"褶裥效果"。形象和用语都不再相同。新兴的纤维通过化学手段和它的"弹性"造成了服装革命：

> 面料变得如此轻巧（就连呢料也摆脱了沉重感）、柔软、活泼，哪怕是最小的动作，也能让身体更显生动——尽管连衣裙的款式很宽松。我们就使用这些会飞舞的面料制作外套，搭配连衣裙和套装。晚间，这些外套则通过丝网眼纱、透明硬纱、山东绸、平纹织物等材质变得更加轻盈，仿佛是将雾般轻柔的披肩穿在身上。

针对面料的抗皱性、防尘能力，以及"不容置疑"的易处理性，想象力在不断

让·舍瓦利耶（Jean Chevalier），"'她很好'款式"（Patron Elle-va-bien），1951年，摄影作品发表于《她》（法国版）

20世纪50年代，通过合成和化学而出现的新面料使得廓形更为自由，而织物也获得了前所未有的轻盈感、耐用性和弹性。于是，这位匿名的女访客观察并试验手感的这种"弗里隆"（Frylon）也算是一种"魔法面料"了。

延伸。而合成材料的影响终于足够重大，甚至作家埃尔莎·特里奥莱（Elsa Triolet）都将她的小说三部曲命名为《尼龙时代》（*L'Âge du nylon*）。

　　成衣最终出现，"造型设计"（stylisme）的概念也随之出现。这种艺术依靠的是平面设计、天赋以及颜色和图案方面的不断更新。从20世纪50年代中期开始，"造型师"（styliste）们创造出一种新的服装种类，跟大设计师们形成竞争，为大商场、时装杂志和即将精细分化的精品店赋予了新的风貌，他们的目标顾客更为年轻，也就是战后婴儿潮中出生的一代这一个社会"拟群"（quasi-groupe）。此外，"造型"（style）一词本身并没有什么意义，但它代表着一种新的状况：20世纪50年代末，社会通过推出更多的款式来鼓励消费，按年龄进行分层就变得越来越重要，而消费者也被重塑。60年代中期，丹尼丝·法约勒（Denise Fayolle）创办了名

马克·伊斯帕尔（Marc Hispard），《1966
年的小姐》（*Mademoiselle 1966*），大衣和
连衣裙均来自温加罗（Ungaro），康泰纳仕
（Condé Nast）藏品

短而直的几何廓形，生来为赋予动作以自
由，这样的廓形风行于20世纪60年代。它
甚至还有一抹性感的意味。腰部舒适，肢体
充满活力，目标便是实用性。它完全反转了
另外一种几何形式，也就是发端于文艺复兴
时期、通过装置和静态而成就的几何形式。

为"普里祖尼克"（Prisunic）的低价连锁店，"品牌面向18岁到25岁的顾客"，并
形成了"普里祖时尚"（mode Prisu），其在多彩、简约、整体价格低廉的风格上不
断推陈出新。同时，《她》杂志也推荐了许多款式，表明"便宜不再代表悲惨和丑
陋"；这些连衣裙、百慕大短裤、泳衣多姿多彩、线条流畅，"呈现在气氛欢乐的版
型设计中"。实用的一面也要变得令人愉悦、快乐。半裙"为单色黄麻质地，双面
可穿"。旧式的印花装饰让位于以极简和多彩的几何图案为标志的奥普艺术。"青年
一代"购买"舍得扔的连衣裙和功能性的服装"。秉承着这样的思想，玛伊梅·阿
尔诺丹（Maïmé Arnodin）于60年代中期创造出了"梯形裙"和"围裙式连衣裙"
（robe tablier）。她的野心在于，希望裙装既有极度的造型感，又能更大程度地保证
轻松和舒适感。而其独特性在于，猜到了大众"对更简约、色彩更丰富、更适合现

"蒙德里安"（Mondrian）连衣裙，
伊夫·圣罗兰，1965年，私人收藏

代生活的服装的渴望"，而她设计的款式"恰好"可以"快速套上身"。其关键并不在于廓形，而是优先考虑身体的放松、给人的惊喜，甚至原创性。布鲁诺·杜罗塞尔（Bruno du Roselle）清楚地解释了这一点：

> 质量不那么重要，因为东西也不是为了长久使用，而是需要醒目、怪诞。大家不需要建议，什么适合自己，自己便是最好的裁判。于是，售货员很快就退居二线。此外，因为大家都是年轻人，也就不需要试衣间了；在商场里脱衣服也不需要羞耻，试衣服很快，有几个镜子就够所有人用了。这就是"精品店"的第一批创立者所充分理解的内容。

　　　　　　　　　　裙子的文化史

从自在到舒适（1965—1980）

　　合成纤维的世界，线条简约而精确的世界，似乎终于在20世纪60年代得到了世界范围的承认。自在感深入廓形之中，活动性深入面料。然而安德烈·库雷热（André Courrèges）于1965年1月举行的时装秀仍然非常新颖。《她》3月刊表达了其令人惊讶的程度："库雷热，呈现前所未见。"同一天，由彼得·克纳普（Peter Knapp）拍摄的照片中，三个模特如在失重状态中飘浮，她们面带微笑、姿态放松，衣着和肢体似乎都在另一重维度之中，并传达着一个信息：一个新的世界到来了。各方评论视角和态度之不同也十分明确。"库雷热炸弹"成为一场"对女装的全面改革"，诱惑力十足：缩短的连衣裙露出了膝盖，腰部和胯部均不明显；裤装则搭配宽松长衫、平底鞋或者高筒无跟靴，极简的便帽，衣着则采用全新面料；等等。而众多女演员选择了这个品牌的款式，令其更受追捧。卡特琳·德纳芙（Catherine Deneuve）和米雷耶·达尔克（Mireille Darc）几乎成了这一品牌的代言人。碧姬·芭铎（Brigitte Bardot）"穿着迷你裙，露着肚脐"出现在公众面前。弗朗索瓦丝·阿迪（Françoise Hardy）穿着一身库雷热的设计出现在电视节目《周日、女士、男士》（*Dim, Dam, Dom*）中，据说她甚至"在所有杂志中都穿着这身著名的套装——直身罩衫、长裤、白色短靴，在当时具有革命性意义"。

　　对身体的观点及对其活动力的重视，再次引导了构思的方向："我使用肩膀作为支撑点，使衣服不必紧贴身体。王子不是必需的。"这个原则还是普瓦雷留下来的，但库雷热又加入了许多原创概念，比如几乎不再"区分上下半身"的革命性愿望。自此，腰身不再进入考虑范围，甚至不需再被臆测。其结果也很显著："衣服是浮动的，穿着应该没有任何感觉。我不再显示腰身，因为身体是一个整体。"这

彼得·克纳普,《库雷热,飞翔的女子》(*Courrèges. Femmes volantes*),1969年,巴黎,装饰艺术博物馆(Les Arts Décoratifs)

库雷热的这句话正中核心:"衣服是浮动的,穿着应该没有任何感觉。我不再显示腰身,因为身体是一个整体。"这正是这些短而直的轮廓所追求的新的自由。这是对身体进行思考的一种方式,避免了对身体的任何"分割"。此外,这也是对自己的感觉进行审视的一种全新方式:人应该按照她"感觉到"的方式存在,而服装能为此助力。

是想象与身体中部即腰部作为旧日坐标的决裂;传统上腰部被强调,或只是被暗示的存在感,从此完全被忽视。平衡经过重新考量,垂直方向上身体不再被割裂为两段。古老的底座被决绝地推转而去,就像身体中部线条被抹杀一样。高鞋跟被刻意去掉,于是步态也呈现了新貌。由此我们可以说,新时尚坚持了"下肢得到完全的开发"这一理念,步伐得到了充分解放,这是将垂直线条和活动性联系在一起的全新方式。此外,极度缩短的半裙长度也成为主流,其代表是20世纪60年代初,设计师玛丽·匡特(Mary Quant)在伦敦开先河的"迷你裙"。衣服的线条前所未有地

裙子的文化史

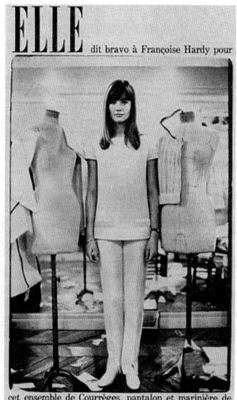

弗朗索瓦丝·阿迪穿着一身库雷热设计的套装，20世纪60年代，《她》杂志

对连衣裙和裤装，库雷热秉承同样的原则：直线条，几乎不显示腰线，考虑的重点只在身体的活动性上。

集中，其中也包含了从前几乎被忽略的一种组合：实用性和情欲表达的结合。其考量既有活力方面的，也同样关注欲望。1967年9月的《服装业官方》（*L'Officiel de la couture*）杂志承认了其诱惑力所在："看库雷热的服装系列，就像参观一场混合了体操、舞蹈和音乐的表演。"《玛丽·克莱尔》杂志甚至在其中看到了"太空中的几何形"。大家众口一词，指出这是一场"根本性的转变"。

　　然而，我们不能忽略掉其存在的背景。库雷热的创新之举既是这一背景的结果，同时也是将其显露出来的线索。这位设计师坚持女性应该工作，而这一趋势

卡特琳·德纳芙和弗朗索瓦丝·多莱亚克（Françoise Dorléac），在1967年雅克·德米（Jacques Demy）执导的电影《罗什福尔的姑娘们》（Les Demoiselles de Rochefort）中

罗什福尔的姑娘们穿着装饰有彩条的白裙子，生动而轻盈；裙子是由雅克利娜·莫罗（Jacqueline Moreau）按照库雷热的指导思想设计的。

为"Exciting"牌丝袜所作的广告招贴画，1970—1975年

丝袜是穿"迷你裙"的必备"工具"。彼得·克纳普创作的画面
中飘逸飞旋的形象，透露出潇洒而又动感的风度。

也确实在20世纪后半期愈加明显。他坚持必须根据女性的工作来考虑廓形的式样，因为到了60年代末，25岁到59岁的女性中，已经有一半参加了工作。他还坚持女性应该独立自主，借助汽车、自行车、运动等去施展无限的行动力，实现她们在空间中的自由。最后，在60年代期间，他还坚持应该给予欲望的合理性、追求和合法性以坚决的肯定。库雷热的模特在失重状态中行动着，展露出她们的双腿，自由

马克·伊斯帕尔,"由米谢
勒·罗西耶(Michèle Rosier)
为皮埃尔·德阿尔比(Pierre
d'Alby)品牌设计的迷你连衣
裙",1967年

迷你裙也是对欲望的适应、要
求和对其存在合理性的展示。
60年代的连衣裙面对着结合性
感与实用性的挑战。

"行走"。这正是新时代女性的写照，这代表着，她们所追求的解放不再是只面向权力和表面的平等，而是深入到风俗层面，涉及私密领地，关系到对身体的自由支配和完全的所有权。这便是由西蒙娜·德·波伏娃（Simone de Beauvoir）所开辟的道路，号召女性坚持对内在进行革命的道路："权力不再是差别的表征，个体的行为才是，尤其是在性别的领地上。正是这一点让我们远离了'第二性'之前的几代人。"《时尚》的一篇文章题为"赤裸的皮肤"，清楚地指出了服装通往肉欲的新方向："我们，能用泳装来做连衣裙，却更多用连衣裙，但它需要露出您的背部或者双腿，就像泳衣那样。"新事物如此强势的入侵必然引起更多的紧张态势。"违逆"的态度激起怒气，"暴露"之举则带来挑战。英国《每日快报》（*Daily Express*）的时尚记者甚至能在1969年如此写道："战斗激起愤怒，女士们，战场便在你们的腿上。"而早在1964年，《周日电视》（*Télé Dimanche*）节目的主持人诺埃尔·诺贝尔库尔（Noël Nobelcourt）就取得了法国国家广播电视局（ORTF）的官方许可，在荧屏上露出了自己的膝盖。专断的香奈儿则痛斥这种行为之低俗："我觉得迷你裙十分'肮脏'。"最终，象征性抵抗的顶点，是低调的英国王室在20世纪60年代中期做出的规定：在宫廷中，下裙底端至少要在膝盖下方7厘米处。而不管是什么样的成功，成功却是显然的：雅克·迪特龙（Jacques Dutronc）于1966年创作了名为《迷你、迷你、迷你》（*Mini, mini, mini*）的流行歌曲；而这一年，法国至少卖出了20万条迷你裙。

迷你裙来自英国，又将攻克东方，确实是一个令人无法忽视的存在。这当然是年轻的象征，同时也张扬着女性的解放。从20世纪60年代末开始裸露的大腿，其创造的诱惑力世所公认。这便不可避免地引起了另一种时尚，即丝袜的流行。其细腻的质地、极具延展性的材质和丰富色彩令其风靡一时。作为完全的创新，丝袜确实将"袜子和内裤集于一身"。而它尤其前所未有地将性感和实用两个方面集于一身，提供了数不胜数的选择，比如"太阳光泽丝袜""粉彩色阶""野生猛狮""夏日时分""便餐""光芒渐盛"等。而当膝盖带着考究的精致感出现在摄影作品中时，装着丝袜的小包装便似乎底气更足了。自60年代末开始，品牌"丁"（Dim）在其广告片中大胆地展示了来自各个阶层的女性，在各种天气中，在各个大陆上，

伊夫·圣罗兰美容院开幕，伊夫与演员卡特琳·德纳芙在一起，1987年7月12日

20世纪80年代，伊夫·圣罗兰将女装裤转变成高级定制中的单品。

"自由"地舞蹈着，将丝袜变成了自在与自由的符号。

然而迷你裙并不能解放所有的世代。这样的设计面对的主要还是年轻女性。另一种款式则涉及了更大的受众面，也因为同一个文化动力，证明了男女平等的存在："伊夫·圣罗兰（Yves Saint Laurent）又推动了人们对裤装的狂热，而库雷热紧随其后。"

从性感气质到纤长线条，从垂直度到实用性，他设计的裤装兼顾了目前所有的各种优点。《玛丽·克莱尔》在1965年引用过的一条"羊毛长裤"正是如此："厚实、防水、保暖、抗皱。其古典式的剪裁堪称完美，而且非常显瘦。半高的裤腰落在胯部的两个高点上，如香烟般的腿部设计则拉长了整体线条。"于是，一个新的款式便普及开来，它简化了轮廓，并超越了年轻的界限：短款的直身罩衫长及大腿

由索尼娅·里基耶尔设计的女装，1975年9月28日

这款索尼娅·里基耶尔设计的女装在此刻定格的生动线条显示，在70年代，它已经能够很好地将柔软、纤长的羊毛制品和色彩、条纹结合在一起，作为女性的符号，并同时在很大程度上照顾到活动性。

中部，盖住长裤，使得"胯部和臀部的曲线被消弭，这样裤装就有了普适性，几乎所有女性都可以穿"。

于是，一场竞争从60年代末期开始形成，也就是穿裙装和穿裤装之争。已持续了数个世纪的传统突然遭到了撼动。女性攫取了曾经似乎与她无关，甚至"拒绝"向她开放的事物。事实也很明显：1965年左右，裤装的产量已经超过了裙装。还有一个明显的事实，即裤装廓形不断得到优化、调适、推敲，更着意呈现其松弛感、自在感、实用性和性感意味。伊夫·圣罗兰推出的款式既包括高级定制，也有成衣，但都坚持展示他眼中的女性特质：

> 因为做成衣我才开始明白，男人在行动方面要自由得多，因衣服而产生的顾忌也少得多。因为衣服一直都一样，就会让他感到自信。这种自信超过了女性的自信，因为她们每年都要问自己"我要穿什么？"等问题。慢慢地，我就通过模仿男性衣橱而做出了一系列服装。无论如何，我觉得，没有什么比穿着男装的女性更美！因为她所有的女性特质都遭到了挑战：一名女性是无法契合男装的，她得跟它斗争，而她的女性特质便因此表现得更为明显。

这位时装大师推出的诸多款式都成了20世纪70年代的经典，比如"百慕大套装""撒哈拉女子""长裤套装""女士吸烟装"等。新的设计彼此竞争，不断更新面料和廓形，在男性和女性特质的结合上大做文章。比如佩里·埃利斯（Perry Ellis）设计的外套及裤腰到腰线以上的厚呢绒裤装，奥托·卢卡斯（Otto Lucas）于1977年为"女性经理人"（executive woman）设计的裤套装，又或是70年代末由索尼娅·里基耶尔（Sonia Rykiel）设计的针织裤装搭配同样短而紧身的彩色针织衫。一个全新的服装宇宙诞生了。其挑战非常清楚，其目标也被分解成两个部分，即"大部分女性有意识地展现她们与男性的平等地位的愿望"和"要求性自由的愿望"。于是，越来越多旧时的男装款式在60年代摇身变为新的女装款式，表明了拒绝任何"服装上的性别隔离"；蓝色牛仔和男女通用的款式，罩衫和T恤、制服上

嬉皮风格，20世纪70年代

颜色多姿多彩，风格多种多样，裙裾或短或长，长裤短裤皆有……60年代到70年代的服装消费引入了多样性。此处集体"领圣餐"的情景便是例证。从中也可以看出，女性的活力和身体自由表现之明显。

装和马球衫等，这些令"在社会和性别方面对服装进行划分的原有表现都变得混乱起来"。而这样的60年代之后，雌雄同体的主题受到欢迎，这波潮流甚至延伸到80年代，出现了伊娜·德拉弗雷桑热（Inès de La Fressange）这样"男女混搭式时髦的代言人"。本世纪最后三十多年里，对女性身体的描述也抹去了那些太"性别化"的形式，强调让胯部隐形，努力让胸部更低调，而特别明显的是更多展现了女性的肌肉。比如1982年11月12日的《巴黎竞赛画报》的封面上，简·方达（Jane Fonda）的形象便是如此：她身体线条如纺锤，绷紧的肱二头肌清晰可见，展示着如同凝住的笑容。《新F》（Nouveau F.）杂志也在1983年有过这样的描述："她有着修长的大腿和宽阔的肩膀，高高昂起头颅，大步走在滚烫的沙滩上，脸上带着征服者那镇定的表情。"这便是男女平等在形态学上的转化。

　　但如果总结说，男女的姿态已经变得"不分性别"了，就像现在这种新的平等姿态那样，可能也是不对的。此外，这种得到许诺的、大众所期待的平等，确实得到了很好的实现，但仍有无数"改进"的可能。更恰当地说，这种平等是存在于一种"自由的相异性"中："性别的差异不断重组，但绝不会消失。"就穿裤装这件事本身，也保留着很多可能的版本，反对静止不变，反对千篇一律。碧姬·芭铎便很好地展示了这一点，因此从60年代开始，她成为"支持裤装的有力论据"：她曾穿过一个名为"海盗裤"（corsaire，裤管紧贴小腿的裤子）或者"维希呢"（vichy）料子的款式，既性感又实用，完美勾勒出了"她舞蹈演员特有的臀部和大腿线条"。这种以男装为灵感的剪裁确实特别，但同时又无疑是一种彻底的再创造。

从折中主义到内在感受（1980 年至今）

　　离我们最近的变化，当然是发生在日常可见的线条上，但也包括体验、感受和评论这些线条的方式。这些变化以风俗和行为为目标，与"感觉"，以及生活和存在的方式有关。这些变化延续了 60 年代的发明，并将其进一步更新。第一个现象便是女士裤装决定性的上位。2016 年，大部分女性（72%）表示，"每天都穿它"；另一个多数（67%）"投票表示会在第一次约会时穿它"，而这些女性中，"会穿着它去参加晚会"的多达 81%。女性的外表已经与从前截然相反。裤装的主力地位不容置疑。面对这意在取而代之的着装，裙子的历史终于受阻，并同时被对方改造。当然，女性服装并不是完全男性化了，但其中自我证明和追求平等的意愿非常明确，即便是职场中依然留存着"按性别划分阶级"的事实存在，即便"总是男性掌握着决定权"。

　　多样性也是一种表现。选择范围越来越宽，系列层出不穷，任何单品都有若干版本。消费社会意味着可能性数不胜数、极度纷繁，包括"精心设计的造型、应该购买的单品和需要激发的购物欲"。变种到处都是。比如牛仔布料变成了"多功能丹宁"，大约"能以任何款式穿在身上"。2017 年 2 月的《费加罗女士》（*Madame Figaro*）杂志中，简单的"半裙游戏"就呈现了从"百褶围裙式半裙"到"拉链半裙"的十数种款式。在同一栏目里还有"裤装搭配"，包括从"镂空修身"到"精美拼接"的十一种选择。此外，数字化的世界里选择更是超乎想象。2014 年创立的"habibliothèque"[1]，是一家线上的"无限量衣橱"，在这里，你可以租用或购买

---

〔1〕品牌名结合了法语的"衣服"（habit）和"图书馆"（bibliothèque）两个词。

模特身上的套装来自卡尔·拉格斐（Karl Lagerfeld），红色夏威夷印花衬衫上点缀了金色亮片装饰，《时尚》，1985年

衣着线条无疑是流畅的，也具有纤长感，对颜色的选择也很考究，但20世纪80年代服装设计还有其他更在意的因素，即态度的表达，而这其中也低调地传达出对男性特征的参考。

　　　　　　　　　　　裙子的文化史

《费加罗女士》杂志内页，
2017年3月17—23日

图中人物穿过大门，似获得新
生。图释提到"征服的装备，
让您倍感安心"。感觉已经不会
再被忽略。此外，裤装不仅成
为主流，还变得更加紧身、柔
软、恰到好处，其弹性将活力
变得显而易见，而颜色则增加
了它的多样性。

你"最喜欢的衣着"。而各种时尚期刊也打造了它们的"数字杂志"，以便读者"发现更多的产品"。

这种"无限"自有其意义。它指向的是个性化，甚至呼唤着独特性；是通过对供给的多样化，来满足个人的选择，呈现了近乎"专属"的特性。这种特性已经蛰伏了几十年，并终于在21世纪初形成了气候："150种造型成就自我，且变得更美。"而长久以来都颇似"同类"或者说标准化的模特，也开始分化出无数可能的形象。从此，外形也得到了重组：不再采用一个"模板"，而是推崇特殊性；不再追随一个榜样，而是对表达进行个性定制。这是一幅个人主义社会的幻景：梦想拥有一个独特的"外在"，创造出只忠于自我的形象。所以当今天网站上有诸如"不

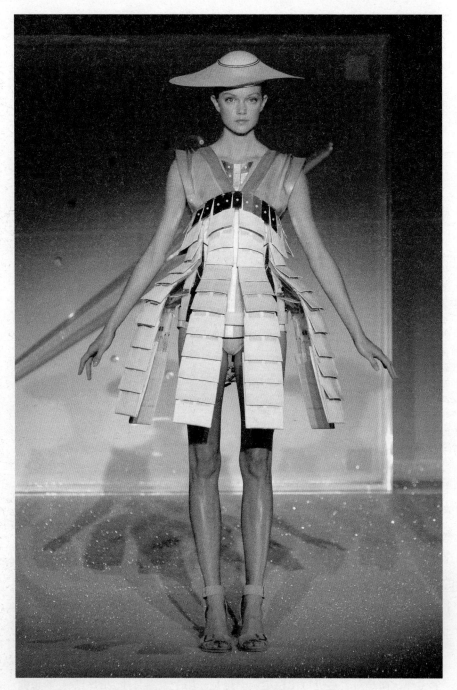

侯赛因·卡拉扬（Hussein Chalayan）时装秀，2007年春夏系列，
2006年10月，巴黎时装周

　　　　　　　　　裙子的文化史

要追随我的风格，创造你自己的"这样的命令时，就并不令人觉得"夸张"了。还有无数使用人称代词以协助"找到你的风格"的建议，比如"这是你向世界展示自我的方式，独一无二、不可模仿"，这样看来便也毫不"夸张"了。

1993年，法国记者妮科尔·穆奇尼克（Nicole Muchnik）在一篇文章中已经暗示了这种有意而为的分散化，文章的题目《MLF[1]，是你，是我……》意味深长：

> 不管害羞的、神经过敏的、"精神错乱的"、同性恋的、布尔乔亚、明星、性工作者、假小子、脱衣舞女、荡妇、极度女性化的女子、雇员、母亲或者左派积极分子，不管十六岁或是五十岁，几百位女性参与了周四晚上在美术学院（Beaux-Arts）举行的一场不可思议的狂欢节，她们穿戴各异，长裙、裤子、跨栏背心、透明衬衫、印度围巾、翻领、无袖、厚鞋底……颜色触目皆是。配套穿着的倒真的不算多。而这场景真的让人眼花缭乱。服装上的丰富多彩，其实是宣告了另一个方面的强盛，即话语权的增强。

这便也引出了第三个现象。个体的特殊性唤醒了服装上的敏感，并对其进行了细化。这种敏感关注人的内在感受、独特感想，即"感觉到的东西"。它询问面料的质感，穿着任何服装时"内在"的情绪："我对这样或那样的东西有'欲望'还是'没有欲望'？"也就是说，眼前的这件衣服要经受反复打量和审视，才可能被接受。展示服装的方式焕然一新，而体验服装的方式也不同以往。选择的时候便产生了心理活动。"适合自己的"东西，跟穿起来"让人痛苦、让'满意自己身体'的女人奋起报复"的东西绝对不是一回事。于是在杂志里、广告中，一些新词新句变得大受欢迎；起初描述尚算简短，但表达类似意思的词，什么"惬意""舒适""身心自在"之类的，很快便泛滥起来。60年代起，《玛丽·克莱尔》已经将此变成了自己的固定句式，比如"对，我爱平纹针织品（jersey），它女性化而高

---

〔1〕法语"妇女解放运动"的首字母缩写。

帕科·拉瓦纳时装秀，2012年春夏成衣系列，巴黎时装周，2011年10月4日

一旦成衣开始追求优雅和功能性，一旦审美和实用性的结合得到大规模传播，高级
定制服装就可以专注于创造一种远离日常生活的艺术，一种以身体为基础的想象，
对身体进行重塑，将身体变得形而上。这是一片受众狭窄的专有领地，当人们可以
为一场秀而设计一件衣服时，便可以完全打破从前的轮廓。

裙子的文化史

雅，轻盈而舒适……没有任何其他面料能在任何情况下给我这样自在和惬意的感受"；或者，"有些裙子就是多那么一点儿……更舒适、更迷人、更淘气一点儿，就是这些让我们感觉身心更加自在。这并非偶然，因为它们的设计师是三位女士"。面料的"质感"肯定很重要，但为了更好地体现自由，曾经的标准就被突然打破了。服装不再只是为了"给人看"而存在，其存在也是为了"用来感受"。这标志着我们如今世界的"个体化"，这个世界接纳每个人的感受和感知；这也标志着女性所获得的自由，无论其真假，总之是让"感觉良好"成了权利。于是"舒适性"成了一个标准，同时也是责任。从此以后，到处可见鼓吹"舒适性"的声明："法瑞儿（3 Suisses）海绵布料，我们大费力气，只为您舒适惬意。"还有诸如"考特尔纤维（courtelle），温暖你心，勿重你身"。也有较直白的表达："着装要求：让你舒适的衣服。"各方各面，确实是为了"让生活更舒适"。它们精心、审慎的配合，证明了我们社会领域中一个新时代的到来；这个时代属于"超现代"个体，也就是众多当代社会分析中所谓的"过度发展的个体"。对于这些个体来说，"从集体角度出发的观点不再有什么意义"，而我们的社会也突然将这些个体置于新的"协调"中心，强调其感受优先于任何其他社会因素。只有个体的感觉最重要。只有感受应该去指导行为。因此便有了种种读者来信，围绕着对"惬意"的追寻。不同的款式试来试去，可这样的惬意几乎无法捉摸，永远被期冀，又永远遥不可及：

> 我买的可是自己喜欢的连衣裙，但当我穿上时，却觉得"穿着不好看"。于是我又买了其他的东西，预算就花光了。这些要让自己开心、觉得幸福的想法反复纠缠着我。我羡慕那些又美又高又瘦的女人。您能帮我接纳这样的自己吗？

而杂志在回复读者时，则展开了无尽的心理学探讨。所有话语都是让对方镇定、自信，大谈加深对自我了解的必要。而一切都作为"前提"出现，因为它们是陪伴和体验服装，甚至是为其锦上添花的首要条件。

若加入"感觉"因素，那我们就可以创造出一些新的分类："毛茸茸的衣服和带亮片的衣服；'甲胄衣'（皮质）很适合进取的状态"；还有其他"'支持'我们的东西，不管是本意还是引申义上的。在我们坐下时，它们不会放任我们不管；在我们抬起胳膊或是交叉双腿时，它们也不会背叛我们"。《费加罗女士》谈到了一种所谓"有力量的衣着"（power dressing），甚至是某种"自我的面料"。这些建议来自一些"个人造型师"。而在"学校生活"（school life）中则出现了某些"可获成功的衣着"（dress for success）。而目标只有一个："找到给我们自信的衣服，打造出个人的时尚宣言。"可以说，各方面观点从未跟个人表达如此紧密地联系在一起。人们的感觉世界也从未受到过这种强度的关注。所以，裤装在成为主流服装后得到了从内心角度出发的评论，便毫不稀奇了：

> 这种感觉十分奇怪。穿着为男性而做的衣服，我却感到安全、放心。宽大的衣服包裹着我，抚触着我……而为女性设计的衣服经常太过贴身，有时甚至令我无法喘息。穿着男式服装，我有足够的空间来掩盖我自己！

对快捷、实用和个性化风采的坚持产生了另外一个结果。它使人开始更好地思考，如何更彻底地更新"高级定制"和"成衣"之间的关系。长久以来，前者都遥远地扮演着榜样的角色，其设计师也都以"挑唆者"的身份出现。1908年，普瓦雷的模特在隆尚散步的风采，为人们的日常生活提供了灵感，导致束胸逐渐退场。20世纪第一个十年，香奈儿的朋友们在多维尔沙滩上的形象，则启发人们提高裙脚，并引导服装逐渐松弛化。伊夫·圣罗兰和安德烈·库雷热的要求则几乎是直接从高级定制过渡到成衣。1967年，在接受克劳德·塞藏（Claude Cézan）的采访时，伊夫·圣罗兰肯定地表示："我们需要到人群中去。"而从1965年起，库雷热设计了三个"价位不同"但灵感相同的服装系列，分别为"原型"（高级定制系列）、"未来时装"（成衣系列）和"夸张手法"（Hyperbole-大众品牌）。

然而这样的尝试并没能很好地持续下去，甚至有消磨大设计师个人特色的风险。更好的方式可能是，成衣更偏向实用性、亲民性、舒适度。同时，也保留一个空间，将重心放在完全令人意外的形式上。它可以是毫无根据又异想天开的，跟日常生活完全无关的设计——这是高级定制服装应该耕耘的方向，是无穷更新的面料所能支持构建的空间。还有些衣服只为典礼或晚会这样的独立事件而设计，这些追求极致美的作品仍然是从现下的文化中汲取灵感，要求获得当代艺术所拥有的自由性，用不受拘束的方式来雕塑身体，随心所欲地创造廓形和线条。合成材料、多种塑料、纤维、亚克力、轻金属等材料的存在，使设计师可以围绕着身体设置一些新的轴线，设想新的结构，创造全新的空间。一个未知的领地从此展开。长久以来的旧习气都是首先拿身体来做文章，而后才知尊重身体；而现在，一个"奢侈"的阶段就此开启。于是，在20世纪最后几十年里，高级定制服装便可以对外观的使用进行再造，虽然这个范围较小且具专属性。这次，高级定制服装的所有想象都围绕身体展开，并以身体为基础，以便对其进行反转、强调和重新思考。此后出现的例子，便与以往的习惯截然分开，依靠不断翻新的想象对身体进行再造，重新组合线条，复活身体本来的特质。帕科·拉瓦纳（Paco Rabanne）制造了无数的光线，使它们围绕着胯部或者从此散射而出，并因此将身体置于一个镜面的笼子之中；光网漫射，伴随着每一步摇曳生姿。1984年的伦敦，三宅一生（Issey Miyake）展出了粗麻布制作的短上衣，其轻盈而精致的结构，完全重塑了上身的外观，又使其近似一个丰满的甲虫的胸廓。毛里齐奥·加兰特（Maurizio Galante）于1992年设计的一条裙子上，无数以蝉翼纱制作的"管子"从表面散射出来，"每移动一步，都像海葵似的摇晃着"，将身体化作表达心绪颤抖的阵地，其意象令人惊讶，持久不散。

高级定制服装保留着，甚至强调着它独有的空间，也就是艺术的空间，令自由的创造性飞驰的空间。它所呈现的款式独一无二，顾客数量少之又少。它只存在于"实验性"的创新中，作为威望至高的领地，推广特定的品牌；而这些品牌则可借此开辟从化妆品到香水、从配饰到成衣等的商品类别。通过为特殊性赋予特权，其身价便使该品牌成为一种保证，一份抵达其他宇宙的担保金。于是便有了如下断言：

> 如今，若不兼有成衣系列、加盟许可合同、香水和唇膏……做高级

定制的时装屋几乎无法存活下去。

于是便只剩下两种可以展现外表的领域了，即"成衣和成梦"[1]（prêt-à-rêver），它们的手段虽然截然不同，但在两个重要坐标上产生了交会。两类服装甚至成为这两种坐标的重要表现，以及一个时代和一段时间的明证。第一个坐标是对个体的推崇。一类服装更看重独特的创造性，另一类则更重视每个人的期待。二者都属于"个性文化"：这种被广泛提及的文化随着民主社会产生，又在消费宇宙中得到了强化，因为在消费社会中，作为主要价值的自主性是导向和选择的首要依据。二者在对"主体"的修辞上产生了融合：这个主题对我们的社会所进行的长期渗透终于获得了成功，个体都以"独立"作为梦想，只有他们才能掌控自己生活的每一个时刻。"超级模特"们穿着独一无二的设计，杂志的读者则穿着应该只属于他们自己的服装，也就是《哪个》（Quelle）目录中所谓的"为我设计的时装"。

第二个坐标是对身体的具体观点：瘦即正义。无论高级定制还是成衣，都用自己的方式彰显着这个在如今的文化中已经成为主流的指标：外表要纤长、优美，姿态要灵动、"轻盈"，要能兼顾工作、运动，甚至得高效地兼顾。而超模虽然身为这场身体游戏的客体，却也无法逃避已经完全渗透进时代情绪的要求，即偏爱充满动态、主动性和能量的形象。她们不能无视那些身体强壮的形象，其中着意展示出的不容置疑的力量。甚至在时装秀中，她们也要跟随音乐，配合加速的节奏，以轻快的脚步展现出昂扬的情绪。这一趋势变得如此明显，也影响到了用户本身，以至于某些时装评论不失挖苦意味地讽刺道："那些顶级富豪客户更喜欢买个新的身体，而不是一条新的裙子。"

于是不可避免地，这个坐标也影响到成衣的一些更为日常的方面，影响到职业女性，比如"女性经理人"（executive woman）的生活，而这些女性正是被杂志作为成功的标志而大力鼓吹的。这样的坚持始终如一。描述的词语不断翻新、多种多样，甚至趋于庸俗。要做的，是得"在我们的衣柜里添加点儿活力""感受能量"

---

[1] 此处指高级定制服装。

或者"给造型变个样儿"。还得能"高效地瘦身""给减重加把劲儿""保持羽毛般的重量",接受"瘦身挑战"。稍微增加一点儿重量都是障碍,稍微臃肿一点儿也会变成不利条件。"多余的"体重会成为负累,甚至变得格格不入。放松从此就是借口。描述用语也变得机械起来,诸如"服装线条流畅,其建筑般的结构犹如对身体活动的赞歌",或者"对身为职场妈妈的我来说最理想的造型"。身体的重要性高过了衣着,甚至到了"什么也不会比身体更时髦"的程度,甚至与此话题有关的反应"越来越夸张"。描述的方式也变得越来越晦涩难懂,因为描述时需要将纤长的身材和女性化的气质、果决的风格和"性感"的姿态联系在一起。于是,针对所谓的"最新时尚",便有了这样的说法:"实用而性感,这就是今日时尚的格言",或者"既性感又现代"。这样的评论在20世纪最后几十年里一直都适用。

所以我们可以看出,对于日常实操来说,这个双重指令中是有部分相互矛盾的:一方面,它要求服从现代社会的严苛规则,另一方面,又要展示完全独有的个性;忠实于集体所需的形象,同时保持独特性。于是,减重、纤体、追求线条流畅也变成了考验,变成了持久、反复、强加的锻炼,它们所施加的压力与社会规训并无二致。这些行为要接受监察,甚至她们具体的行为方式、交流和礼仪,也都在别人目光审视的范围之内。它们揭示了一种风险,即对于身体的存在,人们一直追求的理想形象和一直需忍受或承受的现实之间存在着不可避免的距离:期待和事实之间永远存在沟壑。当然,这样的标准也允许调和的空间和一定的差别,比如极大丰富的产品就是对此目标的贡献。而这些调和措施却也坚持"最低限度的基本规章",劝说消费者,"找到适合您身材的理想款式",并强调其中的"您",又或"重塑线条以美化您的身材"。对"标准"外形的要求被一再重申,而某些更个体化的替代方案出现并且得到了肯定:这二者之间的互相妥协不可谓不微妙。受到普遍赞颂的样貌和个体极为独特的风格之间要达成和解,必然是一个颇为艰难的过程。

在20世纪的最后几十年里,还出现了一种更为深刻的独创性,它甚至具有决定性的意义,即对衣服穿着方式的坚持。这种近乎将服装与自己"融为一体"的方式,让面料成了"皮肤";是通过刻意的追求,甚至穷追不舍的方式,在"展示出的"外观和"感觉到的"外观之间形成一种联系。这是个性发起的终极进攻,将内

杜嘉班纳（Dolce & Gabbana），2016年秋冬女装系列

从工作到娱乐，从私人家庭生活到更为广阔的社会生活，职场女性的装束就是跟"所有"活动都相关的衣着。

化的舒适感变成了核心需要。从此，服装可能需要通过对感官的影响而实现其存在感。它会引发我们心中的预判，然后动员我们内心的渴望，调动肌肉和知觉的配合，最终形成一个能"提升自我评价，变得更加强大"的选择。诚然，这种期待也许只是幻想，结果可能也是镜花水月，一场虚空。然而独创性取决于态度，即要把内心感受摆在首要位置，发动各种感官来更好地感受面料和它的触感。而其造成的重要结果是内在变得与外在同样重要，甚至更胜一筹。

那么，我们如何能无视塑造了现在的规则所产生的巨大转变呢？我们又如何能无视裙子的历史所展现的深刻变革呢？虽然在今天，这段历史在裤装的主流地位面前遭到了冲击，在感觉的先决地位和其内在甚至心理的准则跟前遭到了更大的冲击。换句话说，服装从来都是首先以身体为出发点的表达。但它也从来都是以它所启发的意识和内心资源为出发点的表达。针对裙子等服装而产生的大量工作就是这样发生在西方历史上，从人工的胜利到身体获得胜利，再从身体的胜利到感觉获得胜利。这或许是一种征服行为，但也是一个缓慢转变的过程；在这个化茧成蝶般的辛苦劳作中，内在的需求通过外在的反射，最终获得了无可置疑的重要地位。

2008 年由乔治娅·卡拉尼卡·卡兰德鲁（Georgia Karanika Karaindrou）设计的
"白色舞裙"，由纱、纸和金属丝制成，以 LED 灯照亮

高级成衣在更加与世隔绝的小天地里重塑着服装的外形，并翻新着它们的面料、质
地和光彩。

结 语

　　西方裙装的历史，首先是外表革命的历史。起初，人工的装置决定体形，身材从外部被限定，天然状态便成为一个被掌控和赞颂的整体。从此，几何便长久地支配了外表，令身体上形成的各种角、对称结构以及浑圆或倾斜的线条彼此呼应。长久以来，束紧的腰部将身体的上下两部分截然分开，使它们处于两个近乎双生的空间中，在其中探寻着视觉效果，企求达到某种完美的造型，以使理性获得满足。线条的欺骗性占据了上风。轮廓的精确意味着美的精确。比如文艺复兴时期的裙装，便是最极致地追求体现完美几何的服装之一。

　　但并没有什么是简单流于表面的。这些强加在身体上的结构，暗示了一种特殊的女性轮廓。这种轮廓无视所有职业和功能上的需求，顺应了传统上将女性塑造为装饰品、接待者，为美而存在的观念。审美上对女性脆弱感和静态的要求，使其远离了所有过于快速或幅度过大的动作，和所有过于辛苦或明显的体力消耗的活动。

　　这样的设计在古典世界中变得更为精致、更加纯粹。此时的裙装，下半身展现出一个宽大的包裹，离身体越来越远，呈现出一个扩大、鼓起的半球形；上半身则被勾勒成一枝纤细的茎，纤薄的胸部被精巧地裹进束胸。这个整体构成了一个底座，其上再安插以面孔，仿佛将整个身体变成了一朵"花"。而"花"，正是标志性的女性气质。这类裙装将女性双腿严密隐藏，在其上安置上半身并大力颂扬，因为那是专门展现女性美的领地，是外貌的中心点，同时女性的表情还需克制、得体。在此之前，连衣裙的外观还从未如此庄严呆板。而一种想象在具象化后产生了助推作用，使这样的外观取得了进一步的胜利：这就是某种传达理想形象的雕塑，它将姿态凝固，将"第二性"安置在了扮美的角色里，并小心处理着其中的矜持感和诱惑性。很久以来，裙装便保持着这样的廓形，它甚至穿越了地理边界，与女性在文化上的表现进行了协调，与美的几何外观进行了协调。而它也从此穿越了时间，成功将其延续到了法兰西第二帝国时期的裙撑，甚至是20世纪的一些设计上。

然而，当女性不再只是被当作装饰品，不再唯美至上时，一切都变了；当女性前所未有地开始行动、进入公共空间、追求男女平等、获得了风俗和工作上的解放时，一切都变了。底座变成了障碍，庞大的廓形成为束缚，束胸变成了折磨。从法国大革命开始，就已经有了无数的尝试。虽然很快就遭到覆灭，但它们曾给予躯体的自由，是传统形制所横加阻挡的。很快，复辟时期又拿回了旧时的缠裹手法，而资产阶级世界也很快接受了这一点。然而一种活力却慢慢地萌动了，暗中有一股执着的力量，开始赋予身体以权利，那些已经被文化忽略太久的权利。这些努力是如此艰难、漫长、混乱，连服装的廓形本身都变得举棋不定。比如说，对19世纪70年代来说是全新的紧身裙，首次在纵向上拉长了线条，对身体的解放程度前所未有，却一度让位给了一些束缚性更强的设计。所谓"解放"也变得犹犹豫豫。然而当平等获得了进一步肯定，女性可以通过工作获得薪水和独立的情况进一步普及时，"解放"议题才真正地启动。而到了20世纪初，才迎来了服装廓形的决定性革命：束胸终遭抛弃，裙装笔直垂下，支点变成肩膀而非腰部，以便赋予身体中段更多自由；裙子下摆提高，面料更加轻盈，脚步更加自由。裙装在20世纪经历了一系列彼此相继的阶段。这些阶段较之前更密集，更明显。每个阶段都是为了争取更大的解放而存在；每个阶段都伴随着习俗的渐变，及有时不太显眼却又具有决定性意义的时期。其中占主导地位的，是对身体纤长感的强调，对动作方便性的关注，对情欲的接受，和给予实用性和功能性的优先地位。于是，身体进一步明确了自己的存在，如同破茧成蝶。女性开始注重于让自己的外形得到接受，让天然姿态得到承认；开始注重身体主宰服装而非受其统治。而尤其是在获得了更多平等和自由的道路上，女式裤装的普及不可避免地出现在了路的尽头。于是，裙子的历史便在一种大相径庭的服装跟前受阻，裤装夺走了裙子的地位，却又延续了它的要求。

然而，这样的历史还在变得更加复杂。关注如何解放身体的行为和动作，也是在关注一些更为深层的影响，也因此揭示出一些全新的愿望。这种关注覆盖了整个感官世界，包括感觉服装的方式、对内在舒适感的兴趣、面料所带来的感受，以及撑起服装结构的方式等。如此之多的坐标在今天获得了一席之地，在我们的个人主义社会得到推崇，并受到了定制化和心理学的强烈吸引。而如此多的坐标也成功颠覆了裙子的传统机制：服装不再是外界的人工手段所施加的压迫，而是对内心产生的坚定要求形成的一种肯定，一种前所未有的肯定。

参考书目

中世纪

F. Avril, F. Baron et D. Gaborit-Chopin, *Les Fastes du gothique, le siècle de Charles V*, catalogue d'exposition, Paris, Réunion des musées nationaux, 1981.

M. Beaulieu, *Le Costume antique et médiéval*, Paris, PUF, 1951.

O. Blanc, *Parades et parures, l'invention du corps de mode à la fin du Moyen Âge*, Paris, Gallimard, 1997.

H. van Buren (dir.), *Illuminating Fashion: Dress in the Art of Medieval France and the Netherlands, 1325-1515*, New York, The Morgan Library and Museum, 2011.

H. Coquillard, *Droits nouveaux*, Paris, 1480.

R. de Blois, *Le Chastoiement des dames* (fin xiiie siècle), Paris, BnF, ms français 24301.

L. Douët d'Arcq, *Inventaire après décès de Jeanne de Presles* (1347), Paris, Bibliothèque de l'École des chartes, 1878.

M. de France, *Lai de Guigemar*, Paris, xiie siècle.

P. des Gros, *Le Jardin des nobles*, Paris, 1470.

G. de Lorris et J. de Meung, *Le Roman de la Rose* (xiiie siècle), Paris, BnF, ms français 12786 et 378.

O. de La Marche, *Parement et triomphe des dames d'honneur*, Paris, 1492.

J. Le Goff, «La ville médiévale», in G. Duby (dir.), *Histoire de la France urbaine*, Paris, Seuil, 1980.

G. de Machault, *Le Remède de fortune* (1356), Paris, BnF, ms français 1586.

F. Piponnier, *Costume et vie sociale, La cour d'Anjou, xive-xve siècle*, Paris et La Haye, Mouton, 1970.

F. Piponnier et P. Mane, *Se vêtir au Moyen Âge*, Paris, Adam Biro, 1995.

P. Post, «La naissance du costume masculin moderne au xive siècle», *Premier congrès international d'histoire du costume*, Venise, 1952.

E. Viollet-le-Duc, *Dictionnaire raisonné du mobilier français, de l'époque carlovingienne à la*

裙子的文化史

Renaissance, Paris, Banse, 1878, 6 vol.

Livre d'heures d'Engelbert de Nassau (fin xve siècle), Oxford, The Bodleian Library.

Livre des tournois (xve siècle), Paris, BnF, ms français 2692-2693.

16世纪

J. Arnold, *Patterns of Fashion, 3. The Cut and Construction of Clothes for Men and Women c. 1560-1620*, Londres, Macmillan, et New York, Drama Books, 1985.

J. Boisseau de La Borderie, *La Gente poitevinrie tout de nouveau racoutie*, Poitiers, 1554.

P. de Bourdeille, dit Brantôme, *Les Dames galantes* (xvie siècle), Paris, Gallimard, coll. «Folio», 1981.

A. Chastel, *Le Mythe de la Renaissance, 1420-1520*, Genève, Skira, 1970.

G. Cinzio, *Nigella et le docteur* (xvie siècle), in *Conteurs italiens de la Renaissance*, Paris, Gallimard, Bibliothèque de la Pléiade, 1993.

J. Delumeau, *La Civilisation de la Renaissance*, Paris, Arthaud, 1967.

H. Estienne, *Apologie pour Hérodote* (1566), Paris, 1969.

A. Firenzuola, *Discours de la beauté des dames*, Paris, 1578.

P. Fortini, *Antonio Angelini et la Flamande* (xvie siècle), in *Conteurs italiens de la Renaissance*, Paris, Gallimard, Bibliothèque de la Pléiade, 1993.

G. Hyver, *Ce Premier Jour d'apvril courtoys*, Paris, xvie siècle.

A. Kraatz, *Mode et philosophie ou le néoplatonisme en silhouette, 1470-1500*, Paris, Les Belles Lettres, 2005.

J. Liébault, *Trois livres de l'embellissement et ornement du corps humain* (1582), Lyon, 1594.

J. Lippomano, *Voyage de Jérôme Lippomano, ambassadeur de Venise en France en 1577*, Paris, 1838.

M. de Montaigne, *Les Essais* (1580), Paris, Gallimard, Bibliothèque de la Pléiade, 1958.

M. de Navarre, *L'Heptaméron* (xvie siècle), in *Conteurs français du xvie siècle*, Paris, Gallimard, Bibliothèque de la Pléiade, 1956.

A. Paré, *Œuvres* (1585), Paris, éd. Malgaigne, 1840, 3 vol.

F. Rabelais, *Gargantua* (1532), in *Œuvres complètes*, Paris, Gallimard, Bibliothèque de la Pléiade, 1955.

M. de Romieu, *Instructions pour les jeunes filles par la mère et fille d'alliance* (1597), Paris, Nizet, 1992.

M. Scève, *Délie, objet de la plus haute vertu* (1544), in *Poètes du xvie siècle*, Paris, Gallimard,

Bibliothèque de la Pléiade, 1953.

C. Vecellio, *Costumes anciens et modernes, Habiti antichi et moderni di tutto il mondo* (1590), Paris, 1859-1860.

M. Viallon (dir.), *Paraître et se vêtir au xvie siècle*, actes du XIIIe colloque du Puy-en-Velay (septembre 2005), Saint-Étienne, Publications de l'université de Saint-Étienne, 2006.

Blason des basquines et vertugalles, Paris, 1563.

Les Enseignements d'Anne de France, duchesse de Bourbonnois et d'Auvergne, à sa fille Susanne de Bourbon (1504-1505), éd. de 1878.

Petites Heures d'Anne de Bretagne (vers 1503), Paris, BnF, ms nouvelle acq. lat. 3027.

从古典到启蒙运动

T. A. d'Aubigné, *Aventures du baron de Fenestre*, Paris, 1617.

M. Beaulieu, *Contribution de l'étude de la mode à Paris. Les transformations du costume élégant sous le règne de Louis XIII*, Paris, R. Munier, 1936.

J. C. Bulman, *L'Habit en révolution : mode et vêtements dans la France d'Ancien Régime*, Boston College Electronic Thesis or Dissertation, Boston, 2008.

L.-A. de Caraccioli, *Le Livre à la mode*, Paris, 1759.

Casanova, *Histoire de ma vie* (xviiie siècle), Paris, Robert Laffont, coll. «Bouquins», 1993, 3 vol.

P. Chaunu, *La Civilisation de l'Europe des Lumières*, Paris, Arthaud, 1971.

F.-T. de Choisy, *Histoire de la marquise-marquis de Banneville* (1695), *in Nouvelles du xviie siècle*, Paris, Gallimard, Bibliothèque de la Pléiade, 1997.

M. Delpierre, *Se vêtir au xviiie siècle*, Paris, Adam Biro, 1996.

P. Deyon, «La France baroque, 1599-1661», *in* G. Duby (dir.), *Histoire de la France*, Paris, Larousse, 1971.

D. Diderot, *Essai sur la peinture* (1795), *in Œuvres complètes*, Paris, Le Club français du livre, 1970, t. VI.

P.-M. Duhet, *Les Femmes et la Révolution de 1789-1794*, Paris, Julliard, 1971.

A. Furetière, *Dictionnaire universel*, Paris, 1690.

F.-A. de Garsault, *Art du tailleur contenant le tailleur d'habits d'hommes, les culottes de peau, le tailleur de corps de femmes et enfants, la couturière et la marchande de modes*, Paris, 1769.

B. Gille, «Les systèmes classiques», in B. Gille (dir.), *Histoire des techniques*, Paris, Gallimard,

　　　　　　　　　　裙子的文化史

Encyclopédie de la Pléiade, 1978.

F. Glisson, *A Treatise of the Rickets*, Londres, 1668.

L. Godard de Donville, *Signification de la mode sous Louis XIII*, Aix-en Provence, Édisud, 1978.

E. et J. Goncourt, *La Femme au xviiiᵉ siècle*, Paris, 1874.

O. de Gouges, *Les Droits de la femme*, Paris, 1791.

S. Goyard-Fabre, *La Philosophie des Lumières en France*, Paris, Klincksieck, 1972.

L. Guyon, *Le Miroir de la beauté et santé corporelle*, Lyon, 1615.

F. Hédelin, abbé d'Aubignac, *Histoire du temps, ou Relation du royaume de coquetterie*, Paris, 1654.

M.-A. Legrand, *Les Paniers ou la Vieille Précieuse*, Paris, 1724.

J. Le Rond d'Alembert et D. Diderot, *Encyclopédie ou Dictionnaire raisonné des sciences et des arts*, Paris, 1751-1772.

A. Leroy, *De l'habillement des femmes et des enfants*, Paris, 1772.

Marivaux, *Le Paysan parvenu* (1735), *in Romans*, Paris, Gallimard, Bibliothèque de la Pléiade, 1949.

L. S. Mercier, *Le Tableau de Paris*, Paris, 1781-1788, 12 vol.

N. Pellegrin, *Les Vêtements de la liberté*, Paris, Éditions du Bicentenaire, 1989.

S. Pepys, *Journal, 1660-1669*, Paris, Robert Laffont, coll. «Bouquins», 1994, 2 vol.

L. Petit, *Satire contre la mode*, Paris, 1686.

P. Picard-Cajan (dir.), *Façon arlésienne, étoffes et costumes au xviiᵉ siècle*, catalogue d'exposition, Arles, Museon Arlaten, 1998.

M. de Rabutin-Chantal, marquise de Sévigné, *Correspondance*, Paris, Gallimard, nouBibliothèque de la Pléiade, 1974, 3 vol.

M. Régnier, «La métamorphose d'une robe et jupe de satin blanc», *Les Satyres et autres œuvres*, Paris, 1616.

A. Ribeiro, *Dress in Eighteenth-Century Europe, 1715-1789*, Londres, B. T. Batsford, et New York, Holmes & Meier Publishers, 1984.

D. Roche, *La Culture des apparences, une histoire du vêtement, xviiᵉ - xviiiᵉ siècles*, Paris, Fayard, 1989.

L. de Rouvroy, duc de Saint-Simon, *Mémoires complets et authentiques* (xviiiᵉ siècle), Paris, 1839, 21 vol.

H. Roy, *La Vie, la Mode et le Costume au xviiᵉ siècle, époque Louis XIII.*
Étude sur la cour de Lorraine établie d'après les mémoires des fournisseurs et artisans, Paris,

Édouard Champion, 1924.

Abbé Sieyès, «Préliminaire à la Constitution, Reconnaissance et exposition raisonnée des Droits de l'homme et du citoyen, lu au comité de constitution les 20 et 21 juillet 1789», *in Les Droits de l'homme*, textes réunis par C. Biet, Paris, Imprimerie nationale, 1989, p. 395.

E. G. Sledziewski, «Révolution française, le tournant», *in* G. Duby et M. Perrot (dir.), *Histoire des femmes*, t. IV, *Le xixe siècle*, dir. G. Fraisse et M. Perrot, Paris, Plon, 1991.

J. Starobinski, *Les Hommes de la liberté, 1700-1789*, Genève, Skira, 1964.

G. Tallemant des Réaux, *Historiettes* (xviie siècle), Paris, Gallimard, Bibliothèque de la Pléiade, 1960, 2 vol.

A. Verdier, «L'affaire des paniers», *in* D. Doumergue et A. Verdier (dir.), *Le Costume de scène objet de recherche*, Cirey-lès-Mareilles, Lampsaque, 2014.

J. Verdier, *Cours d'éducation à l'usage des élèves destinés aux premières professions et aux grands emplois de l'État*, Paris, 1772.

E. Viollet-le-Duc, *Dictionnaire raisonné du mobilier français, de l'époque carlovingienne à la Renaissance*, Paris, Banse, 1878.

V. Voiture, *Poésies, in Œuvres*, Paris, 1656.

M. Vovelle, *La Révolution française, 1789-1799*, Paris, Armand Colin, 1998.

F. Waro-Desjardins, *La Vie quotidienne dans le Vexin au xviiie siècle. Dans l'intimité d'une société rurale*, Pontoise, Société historique de Pontoise, 1992.

C.-H. Watelet, *Dictionnaire des arts de peinture, sculpture et gravure*, Paris, 1792, 4 vol.

J.-B. Winslow, «Mémoire sur les mauvais effets des corps à baleines», *Mémoires de l'Académie des sciences*, Paris, 1741.

Blason des basquines et vertugalles, Paris, 1563.

«Le corset blanc», *L'Almanach des Muses*, 1786.

Nouveau Dictionnaire français composé sur le Dictionnaire de l'Académie française, enrichi d'un grand nombre de mots adoptés dans notre langue depuis quelques années, Paris, 1793, 2 vol.

Réponse à la critique des femmes sur leurs manteaux-volants, paniers, criardes ou cerceaux, dont elles font enfler leurs jupes, Paris, 1712.

19世纪

R. Apponyi, *Vingt-cinq ans à Paris, 1826-1850. Journal du comte Rodolphe Apponyi*, Paris, Plon, 1913-1914, 3 vol.

H. de Balzac, *La Comédie humaine,* Paris, Furne, 1842-1855.

J. Barbey d'Aurevilly, *Deuxième Memorandum* (1859), *in Œuvres complètes*, Paris, Gallimard, Bibliothèque de la Pléiade, 1966, 2 vol.

C. Baudelaire, «Le peintre de la vie moderne» (1860), *in Œuvres complètes*, Paris, Gallimard, Bibliothèque de la Pléiade, 1956.

P.-J. de Béranger, «La sylphide», *Œuvres complètes*, Paris, 1840.

Bertall (C. A. d'Arnoux, dit), *La Comédie de notre temps, la civilité, les habitudes, les mœurs, les coutumes…*, Paris, 1874.

—, «La vie hors de chez soi», *La Comédie de notre temps,* Paris, 1876.

S. Blum, *Victorian Fashions and Costumes from Harper's Bazaar, 1867-1898*, Toronto, Dover Publications, 1974.

M. von Boehn, *Die Mode, Menschen und Moden im neunzehnten Jahrhundert, 1790-1817*, Munich, Bei F. Bruckmann, 1920.

H. Bouchot, *Le Luxe français, La Restauration*, Paris, 1893.

H. Boutet, *Autour d'elles, le lever, les modèles, le coucher, le bain*, Paris, 1896-1898.

L. Braun, *Die Frauenfrage. Ihre geschichtliche Entwicklung und ihre wirtschaftliche Seite*, Leipzig, 1901.

J.-M. Bruson et A. Forray-Carlier (dir.), *Au temps des merveilleuses, La société parisienne sous le Directoire et le Consulat*, Paris, musée Carnavalet, 2005.

Mme Carette, née Bouvet, *Souvenirs intimes de la cour des Tuileries*, Paris, 1891, 3 vol.

H. Cellarius, *La Danse des salons*, dessins de Gavarni, Paris, 1845.

Mme Celnart (E.-F. Bayle-Mouillard, dite), *Manuel des dames ou l'Art de la toilette*, Paris, 1827.

P.-H. Clias, *Callisthénie ou Somascétique naturelle, appropriée à l'éducation des jeunes filles*, Besançon, 1843.

L. Fusil, *Souvenirs d'une actrice*, Paris, 1841.

T. Gautier, *De la mode*, Paris, 1858.

P. Gavarni, *Œuvres choisies*, Paris, 1848, 2 vol.

J. J. Grandville, *Les Fleurs animées*, Paris, 1846, 2 vol.

A. Grévin et A. Huart, *Les Parisiennes*, Paris, 1886.

V. Husarski, *Le Style romantique*, Paris, Éditions du Trianon, 1931.

P. Joanne, *Les Stations d'hiver de la Méditerranée*, Paris, Hachette, 1897.

L. Johnston, *Nineteenth-Century Fashion in Detail*, Londres, Victoria and Albert Publishing, 2005.

C. Join-Diéterle (dir.), *Sous l'empire des crinolines*, catalogue d'exposition, Paris, Paris Musées, 2008.

P. Lacroix, *Costumes historiques de la France*, Paris, 1852, 10 vol.

P. Larousse, *Grand dictionnaire universel du xixe siècle*, Paris, 1866, 17 vol.

J. Laver, *Les Idées et les Mœurs au siècle de l'optimisme, 1848-1914*, Paris, Flammarion, 1969 (1re éd. anglaise 1966).

E. Leoty, *Le Corset à travers les âges*, Paris, Paul Ollendorff, 1893.

M.-F. Lévy, *De mères en filles. L'éducation des Françaises, 1850-1880*, Paris, Calmann-Lévy, 1984.

L. Maigron, *Le Romantisme et la Mode d'après des documents inédits*, Paris, Honoré Champion, 1911.

F. Maillard, *La Légende de la femme émancipée*, Paris, s.d., vers 1895.

S. Mallarmé, *La Mode de Paris* (1874), *in Œuvres complètes*, Paris, Gallimard, Bibliothèque de la Pléiade, 1961.

P. Mérimée, *Lettres à la comtesse de Montijo* (1866-1867), Paris, Édition Privée, 1930, 2 vol.

P. Merlin, *Répertoire de jurisprudence*, Paris, 1812, 15 vol.

P. de La Mésangère, *Observations sur les usages et les modes de Paris*, Paris, 1829.

A. Millaud, *La Comédie du jour sous la république athénienne*, illustrations de Caran d'Ache, Paris, 1886.

G. Montorgueil, *La Vie des boulevards, Madeleine, Bastille*, illustrations de Pierre Vidal, Paris, 1896.

—, *La Parisienne peinte par elle-même*, illustrations d'Henri Somm, Paris, 1897.

A. de Musset, *Conseils à une Parisienne*, Paris, 1845.

N. Ponce, *Aperçu sur les modes françaises*, Paris, 1800.

J. Quicherat, *Histoire du costume en France depuis les temps les plus reculés jusqu'à la fin du xviiie siècle*, Paris, Hachette, 1875.

P. Racinet, *Le Costume historique*, Paris, 1876, 5 vol.

X. B. Saintine, *Le Chemin des écoliers, promenade de Paris à Marly-le-Roy en suivant les bords du Rhin*, gravures de G. Doré, Paris, 1861.

L. de Savigny, *Le Livre des jeunes filles*, Paris, 1846.

F. Soulié, *Physiologie du bas-bleu*, Paris, 1840.

E. Sue, *Les Mystères de Paris*, 1843, 2 vol.

H. Taine, *Notes sur l'Angleterre*, Paris, 1872.

S. Tascher de La Pagerie, *Mon séjour aux Tuileries, première série, 1852-1858*, Paris, 1893.

O. Uzanne, *La Française du siècle. La femme et la mode. Métamorphose de la Parisienne de 1792 à 1892*, Paris, 1892.

É. Zola, *Au bonheur des dames*, Paris, 1883.

—, «Étalages et catalogues» (vers 1870), *Carnets d'enquêtes*, Paris, Plon, 1986.

Dictionnaire universel du commerce, banques, manufactures, douanes… par une société de négociants, de jurisconsultes et de personnes employées dans l'administration, Paris, 1805, 2 vol.

L'Exposition de Paris, 1878, journal hebdomadaire, Paris, 1878.

L'Exposition universelle de 1867 illustrée, Paris, 1867, 2 vol.

Femmes fin de siècle, 1885-1895, catalogue d'exposition, Paris, Paris Musées, 1990.

Les Français peints par eux-mêmes, Paris, 1841, 9 vol.

Les Français peints par eux-mêmes, Paris, 1876 (2ᵉ éd. revue), 4 vol.

Le Palais de cristal, Album de l'exposition de Londres, 1851.

20世纪

S. Agacinski, «L'universel masculin ou la femme effacée», *Le Débat*, maiaoût 1998.

J. Ashelford, *The Art of Dress, Clothes Through History, 1500-1914*, Londres, National Trust, 1996.

L. Aragon, *Blanche ou l'oubli*, Paris, Gallimard, 1967.

G. d'Avenel, *Les Mécanismes de la vie moderne*, Paris, 1902, 5 vol.

C. Bard, *Les Garçonnes. Modes et fantasmes des Années folles*, Paris, Flammarion, 1998.

—, *Une histoire politique du pantalon*, Paris, Seuil, 2010.

R. Barthes, «Histoire et sociologie du vêtement, quelques observations méthodologiques» (1957), *Le bleu est à la mode cette année, et autres articles*, Paris, IFM, 2001.

T. Bauer, *Suzanne Lenglen, une sportive Art déco*, Nanterre, Presses universitaires de Nanterre, 2012.

A. Bony (dir.), *Les Années 30*, Paris, Éditions du Regard, 2005.

—, *Les Années 90*, Paris, Éditions du Regard, 2000.

S. Bosio-Valici et M. Zancarini-Fournel, *Femmes et fières de l'être. Un siècle d'émancipation féminine*, Paris, Larousse, 2001.

F. Boucher, *Histoire du costume en Occident, de l'Antiquité à nos jours*, Paris, Flammarion, 1965.

C. Bousbib, «Christian Dior, 60 ans de New Look», *Evene.fr*, 18 juin 2007.

O. Burgelin et M.-T. Basse, «L'unisexe», *Communication*, no 46, «Parure, pudeur, étiquette», 1987.

C. Cézan, *La Mode phénomène humain*, Toulouse, Privat, 1967.

S. Chapdelaine de Montvalon, *Le Beau pour tous, Maïmé Arnodin et Denise Fayolle, l'aventure de deux femmes de style : mode, graphisme, design*, Paris, L'Iconoclaste, 2008.

E. Charles-Roux, *Le Temps Chanel*, Paris, La Martinière/Grasset, 2004.

Y. Delandres et F. Müller, *Histoire de la mode au xxᵉ siècle*, Paris, Somogy, 1986.

D. Desanti, *La Femme au temps des Années folles*, Paris, Stock/Laurence Pernoud, 1984.

C. Fauque et S. Bramel, *Une seconde peau, fibres et textiles d'aujourd'hui*, Paris, Éditions Alternatives, 1999.

J. C. Flugel, *The Psychology of Clothes*, Londres, The Hogarth Press, 1966.

B. Fontanel, *Corsets et soutiens-gorge, L'épopée du sein de l'Antiquité à nos jours*, Paris, La Martinière, 1992.

D. Friedmann, *Une histoire du blue-jean*, Paris, Orban, 1987.

M. Gabor, *The Pin-Up: A Modest History*, New York, Universe Books, 1972.

D. Gardey, *La Dactylographe et l'Expéditionnaire. Histoire des employés de bureau, 1890-1930*, Paris, Belin, 2001.

M. Gauchet, «Essai de psychologie contemporaine. Un nouvel âge de la personnalité», *Le Débat*, mars-avril 1998.

P. Géraldy, *La Guerre, Madame...*, Paris, Jean Crès, 1936.

E. V. Gillon, *The Gibson Girl and Her America*, New York, Dover Publications, 1969.

J. Giraudoux, *Le Sport*, Paris, Hachette, 1928.

F. Glénard, *Le Vêtement féminin et l'hygiène*, conférence faite à l'Association française pour l'avancement des sciences, le 25 février 1902, Paris, 1902.

J. Grand-Carteret, *L'Histoire, la vie, les mœurs et la curiosité par l'image, le pamphlet et le document (1450-1900)*, Paris, Librairie de la curiosité et des beaux-arts, 1927, 4 vol.

—, *La Femme en culotte*, Paris, 1898.

V. Guillaume, *Courrèges*, Paris, Assouline, 1998.

J. Laver, *Histoire de la mode et du costume*, Paris, Thames & Hudson, 1990.

G. Lecomte, *Les Cartons verts, roman contemporain*, Paris, Fasquelle, 1901.

M. Leloir, *Dictionnaire du costume et de ses accessoires, des armes et des étoffes, des origines à nos jours*, Paris, Gründ, 1951.

裙子的文化史

A. Levinson, «In Memoriam» (1929), I. Duncan, *La Danse de l'avenir*, Paris, Éditions Complexe, 2003.

F. Libron et H. Clouzot, *Le Corset dans l'art et les mœurs, du xiiie au xxe siècle*, Paris, F. Libron, 1933.

Ligue des mères de famille, *Pour la beauté naturelle de la femme. Contre la mutilation de la taille par le corset*, Paris, 1908.

G. Lipovetsky, *L'Empire de l'éphémère*, Paris, Gallimard, 1987.

C. Louveau, «La forme, pas les formes», *in* C. Pociello (dir.), *Sport et Société*, Paris, Vigot, 1983.

N. Lucas, *Le Petit Écho de la mode, un siècle de presse féminine*, Paris, Coop Breizh, 2016.

A. Lurie, *The Language of Clothes*, New York, Random House, 1981.

R. Lynam, *Couture: An Illustrated History of the Great Paris Designers and Their Creations*, New York, Doubleday, 1972.

P. Morand, *L'Allure de Chanel* (1966), Paris, Hermann, 1996.

M. Moriconi et C. George-Hoyau, *Dictionnaire de la mode contemporaine*, Paris, Minerva, 1998.

N. Muchnik, «Le MLF, c'est toi, c'est moi…», *Le Nouvel Observateur*, 27 août 1993.

G. Néret, *1 000 Dessous, Histoire de la lingerie*, Paris, Taschen, 1998.

L. O'Followell, *Le Corset, Histoire, médecine, hygiène*, Paris, Maloine, 1908.

G. O'Hara Callan, *Dictionnaire de la mode*, Paris, Thames & Hudson, 2009 (1re éd. anglaise 1986).

P. Perrot, *Les Dessus et les Dessous de la bourgeoisie*, Paris, Fayard, 1981.

P. Poiret, *En habillant l'époque*, Paris, Grasset, 1930.

M. Proust, *À l'ombre des jeunes filles en fleurs* (1918), *À la recherche du temps perdu*, t. I, Paris, Gallimard, Bibliothèque de la Pléiade, 1962.

J. Rabant, «Ah, la belle histoire du corset», *L'Histoire*, no 45, 1982.

B. Remaury et L. Kamitsis, *Dictionnaire international de la mode*, Paris, Éditions du Regard, 1994.

B. du Roselle, *La Mode*, Paris, Imprimerie nationale, 1980.

J. Ruppert, *Les Arts décoratifs, Le costume*, Paris, Flammarion, 1931, 5 vol.

O. Saillard (dir.), *Balenciaga, l'œuvre au noir*, catalogue d'exposition, Paris, Paris Musées, 2017.

Sem, *Le Vrai et le Faux Chic*, Paris, 1914.

R. Sennett, *Les Tyrannies de l'intimité*, Paris, Seuil, 1979 (1re éd. américaine 1977).

V. Steele, *Paris Fashion: A Cultural History*, Oxford, Oxford University Press, 1988.

I. Théry, «Les impasses de l'éternel féminin», *Le Débat*, mai-août 1998.

E. Triolet, *L'Âge du nylon*, Paris, Gallimard, 1959, 3 vol.

O. Uzanne, «Les costumes que porteront les femmes en 1910-1915», *Les Contemporaines*, 10 Octobre 1901.

D. Veillon, *La Mode sous l'Occupation*, Paris, Payot, 1990.

Le Corps de la femme : du blason à la dissection mentale, actes du colloque, 18 Novembre 1989, université de Lyon-III.

Paris Guide, 1931, Paris, Éditions France-Amérique, 1931.

«Pour vous, mesdames! La mode en temps de guerre», exposition au Centre d'histoire de la Résistance et de la déportation, Lyon, 2013.

21世纪

I. Belting, *Mode Sprengt Mieder. Silhouettenwechsel*, catalogue d'exposition, Munich, Hirmer Verlag, 2009.

D. Bruna (dir.), *La Mécanique du dessous, Une histoire indiscrète de la silhouette*, catalogue d'exposition, Paris, Les Arts décoratifs, 2013.

R. Castel et C. Haroche, *Propriété privée, propriété sociale, propriété de soi*, Paris, Fayard, 2001.

F. Chenoune et F. Muller, *Yves Saint Laurent*, catalogue d'exposition, Paris, La Martinière, 2010.

J. E. DeJean, *The Essence of Style: How the French Invented High Fashion, Fine Food, Chic Cafés, Style, Sophistication, and Glamour*, New York, Free Press, 2005.

M. Ferrand, «Place des femmes, grandes tendances», *L'État de la France, 2011-2012*, Paris, La Découverte, 2011.

S. Georges, *Le Vêtement de A à Z*, Paris, Falbalas, 2007.

F. Gorard (dir.), *Penser la mode*, Paris, Éditions du Regard, 2011.

J. Heimann, *All-American Ads, 40s*, Cologne, Taschen, 2002.

H. Koda (dir.), *Extreme Beauty. The Body Transformed*, catalogue d'exposition, New Haven, Yale University Press, 2003.

C. McDowell, *La Mode aujourd'hui*, Paris, Phaidon, 2003.

G. Milleret, *Haute couture*, Paris, Eyrolles, 2015.

C. Örmen, *L'Art de la mode*, Paris, Citadelles et Mazenod, 2015.

N. Parrot, *Le Stiff et le Cool, une histoire de maille, de mode et de liberté*, Paris, NiL éditions, 2002.

O. Saillard et A. Zazzo (dir.), *Paris Haute Couture*, Paris, Flammarion, 2012.

A. Zazzo, *Dessous. Imaginaire de la lingerie*, Paris, Solar, 2009.

Fashion Forward, 3 siècles de mode, Paris, musée des Arts décoratifs, 2016.

Les Vacances, un siècle d'images, des milliers de rêves, catalogue d'exposition, Paris, bibliothèque
    Forney, 2006.

Witch, 100 idées magiques pour trouver ton style, Paris, Hachette, 2005.

期刊

Almanach de L'Illustration, 1844-189?

Almanach des modes, 1814-1822

Almanach des Muses, 1765-1833

L'Arlequin, Journal de pièces et de morceaux, 1799

*L'Avant-Coureur, Feuille hebdomadaire, où sont annoncés les objets particuliers des sciences &
    des arts, le cours & les nouveautés des spectacles, & les livres nouveaux en tout genre*, 1760-
    1773

Le Bon Ton, Journal des modes, 1852-1870

Le Bon Ton and Le Moniteur de la mode United, 1927

*Cabinet des modes, ou les Modes nouvelles, décrites d'une manière claire et précise et représentées
    par des planches en taille-douce, enluminées*, 1785- 1786

Le Caprice, Hebdomadaire illustré, 1888

Le Caprice, Journal de la lingerie, 1841-1905

Le Charivari, 1832-1937

Le Conseiller des dames, Journal d'économie domestique et de travaux à l'aiguille, 1847-1892

Cosmopolitan, depuis 1973

*Le Courrier français, Illustré paraissant tous les samedis : littérature, beaux arts, théâtre, médecine,
    finances*, 1884-1914

La Dernière Mode, Journal-album, 1883-1884

Les Dessous élégants, 1901-1928

Écho de la mode, 1955-1976

L'Écho du Moniteur de la mode, Journal du grand monde, 1843-1888

Elle, depuis 1945

La Fantaisie parisienne, Littérature, théâtre, musique et modes, 1868-1877

Femina, 1922-1954

Femina, Publication bimensuelle illustrée, 1901-1916

Femme actuelle, depuis 1984

Femme, Beauté, Élégance, 1954-1956

Femmes d'aujourd'hui, Modes de Paris, 1984-1990

Femmes d'aujourd'hui, Publication hebdomadaire, 1933-1976

Gallery of Fashion, 1794-1803

Le Génie de la mode [puis *parisienne*], *Journal de modes* [puis *Moniteur des familles*; *Moniteur de la couturière*], 1891-1899

Grazia, depuis 2009

Hamburger Journal der Moden und Eleganz, 1801-1802

L'Histoire, depuis 1978

L'Illustration, Journal universel, 1843-1944

Jardin des modes, 1946-1967

Journal de la Société populaire et républicaine des arts, 1794-1794

Journal des dames et des modes, 1797-1839

Journal des demoiselles, 1833-1922

Le Journal des marchandes de modes, 1866-1884

Journal des tailleurs, 1830-1896

Journal pour tous, Magazine hebdomadaire illustré, 1855-1878

Madame Figaro, depuis 1980

Marie Claire, depuis 1937

Le Mercure de France, 1724-1791

La Mode actuelle, Journal professionnel des couturières et des modistes, 1869-1888

La Mode, Revue des modes, galerie de mœurs, album des salons, 1831-1854

La Mode de Paris, Journal du monde élégant, 1857-1867

La Mode illustrée, Journal de la famille, 1860-1937

La Mode nationale, 1886-1930

La Mode pratique, Revue de la famille, 1891-1951

Modes et travaux, depuis 1919

La Modiste parisienne, Journal de modes, 1888-1913

Le Monde élégant, Journal de modes de dames, 1857-1882

Le Moniteur de la mode, Journal du grand monde : modes, littérature, beaux arts, théâtres, etc., 1843-1913

Le Moniteur de la mode, Journal du monde élégant, 1851-1865

L'Observateur des modes et le Narcisse réunis, 1848-1878

Le Papillon, Journal des dames, des salons, des arts, de la littérature, des théâtres et des modes, 1852-1857

La Parisienne, Journal illustré des modes, 1868-1880

Petit courrier des dames ou Nouveau journal des modes, des théâtres, de la littérature et des arts, 1822-1868

Le Petit Messager des modes, 1842-1889

Prima, depuis 1982

Le Printemps, Moniteur des modes..., 1866-1910

Punch, or The London Charivari, 1841-1996

La Silhouette, Album lithographique, beaux-arts, dessins, mœurs, théâtres, caricatures, 1829-1831

La Silhouette, Journal indépendant hebdomadaire : artistique, théâtral littéraire, humoristique et sportif, 1901-1914

La Vie au grand air, 1898-1922

La Vie parisienne, Mœurs élégantes, choses du jour, fantaisies, voyages, théâtres, musique, modes, 1863-1970

Vogue, depuis 1920

Votre beauté, 1933-2015

Votre bonheur, 1938-1939

图片版权